Elaboraciones complementarias en panadería y bollería

Ana Podadera Pastrana

Elaboraciones complementarias en panadería y bollería
© Ana Podadera Pastrana

1ª Edición

© IC Editorial, 2024

Editado por: IC Editorial
c/ Cueva de Viera, 2, Local 3
Centro Negocios CADI
29200 Antequera (Málaga)
Teléfono: 952 70 60 04
Fax: 952 84 55 03
Correo electrónico: iceditorial@iceditorial.com
Internet: www.iceditorial.com

ISBN: 978-84-1184-395-9
Depósito Legal: MA 2272-2024

Impresión: PODiPrint
Impreso en Andalucía – España

Nota de la editorial: IC Editorial pertenece a Innovación y Cualificación S. L.

Presentación del manual

El **Certificado de Profesionalidad** es el instrumento de acreditación, en el ámbito de la Administración laboral, de las cualificaciones profesionales del Catálogo Nacional de Cualificaciones Profesionales adquiridas a través de procesos formativos o del proceso de reconocimiento de la experiencia laboral y de vías no formales de formación.

El elemento mínimo acreditable es la **Unidad de Competencia.** La suma de las acreditaciones de las unidades de competencia conforma la acreditación de la competencia general.

Una **Unidad de Competencia** se define como una agrupación de tareas productivas específica que realiza el profesional. Las diferentes unidades de competencia de un certificado de profesionalidad conforman la **Competencia General,** definiendo el conjunto de conocimientos y capacidades que permiten el ejercicio de una actividad profesional determinada.

Cada **Unidad de Competencia** lleva asociado un **Módulo Formativo,** donde se describe la formación necesaria para adquirir esa **Unidad de Competencia,** pudiendo dividirse en **Unidades Formativas.**

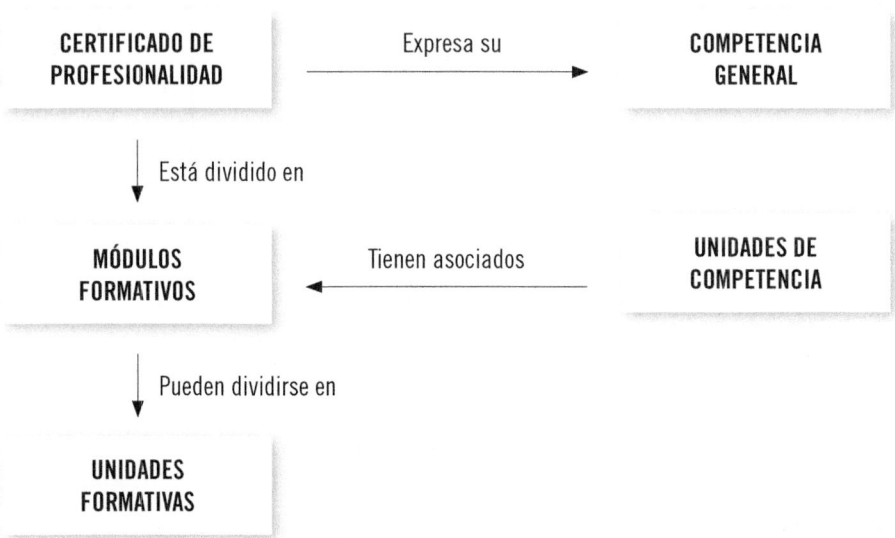

El presente manual desarrolla la Unidad Formativa **UF0293: Elaboraciones complementarias en panadería y bollería,**

perteneciente al Módulo Formativo **MF0035_2: Elaboraciones complementarias, decoración y envasado en panadería y bollería,**

asociado a la unidad de competencia **UC0035_2: Confeccionar y/o conducir las elaboraciones complementarias, composición, decoración y envasado de los productos de panadería y bollería,**

del Certificado de Profesionalidad **Panadería y bollería**

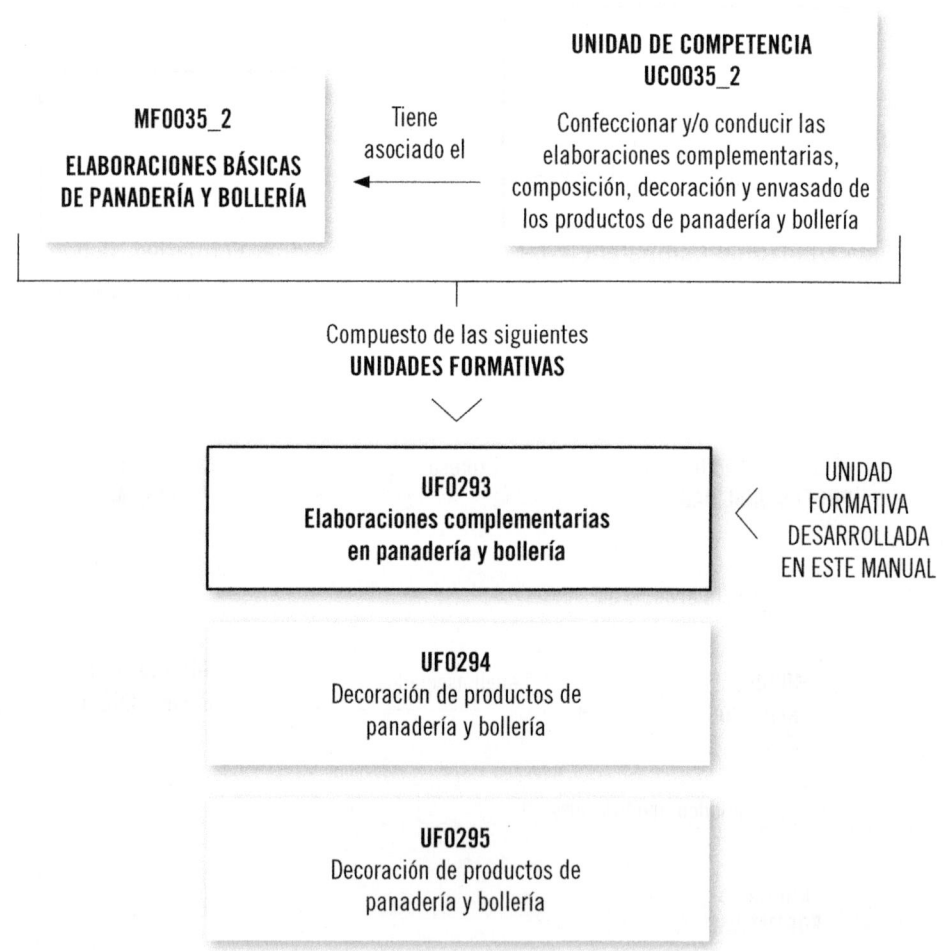

FICHA DE CERTIFICADO DE PROFESIONALIDAD

(INAF0108) PANADERÍA Y BOLLERÍA (R. D. 1380/2009, de 28 de agosto)

COMPETENCIA GENERAL: Conducir y realizar las operaciones de elaboración de productos de panadería y bollería, consiguiendo los objetivos de producción y calidad establecidos, respetando en todo momento la normativa vigente técnicosanitaria, ambiental y de seguridad e higiene en el trabajo

Cualificación profesional de referencia		Unidades de competencia	Ocupaciones o puestos de trabajo relacionados
INA015_2 PANADERÍA Y BOLLERÍA (R. D. 295/2004, de 20 de febrero)	UC0034_2	Realizar y/o dirigir las operaciones de elaboración de masas de panadería y bollería	• 7802.004.9 Panadero • 8374.001.5 Operador de máquinas para elaborar productos de panadería y repostería industrial, en general • 8374.005.1 Operador de hornos de panadería y repostería industrial • 8374.012.7 Operador de máquinas envasadoras de productos de panadería y repostería industrial • 8374.014.5 Operador de máquinas de control para la producción de artículos de panadería y repostería industrial • Elaborador de bollería • Elaborador de masas y bases de pizzas • Trabajadores relacionados con el procesamiento de alimentos
	UC0035_2	Confeccionar y/o conducir las elaboraciones complementarias, composición, decoración y envasado de los productos de panadería y bollería	
	UC0036_2	Aplicar la normativa de seguridad, higiene y protección del medio ambiente en la industria panadera	

Correspondencia con el Catálogo Modular de Formación Profesional

Módulos certificado	Unidades formativas	Horas
MF0034_2: Elaboraciones básicas de panadería y bollería	UF0290: Almacenaje y operaciones auxiliares en panadería y bollería	60
	UF0291: Elaboración de productos de panadería	90
	UF0292: Elaboración de productos de bollería	90
MF0035_2: Elaboraciones complementarias, decoración y envasado en panadería y bollería	UF0293: Elaboraciones complementarias en panadería y bollería	80
	UF0294: Decoración de productos de panadería y bollería	40
	UF0295: Envasado y presentación de productos de panadería y bollería	30
MF0036_2: Seguridad e higiene en un obrador de panadería y bollería		60
MP0000: Módulo de prácticas profesionales no laborales		

Índice

Capítulo 1
Proceso de elaboración de cremas con huevo

1. Introducción   7
2. Tipos: crema pastelera, crema pastelera para hornear, yema,
   de mantequilla y otras   7
3. Identificación de los ingredientes propios de cada elaboración.
   Formulación. Secuencia de operaciones   15
4. Determinación del punto de montaje, batido, consistencia, etcétera,
   de cada crema y análisis de las anomalías y defectos más frecuentes.
   Posibles correcciones   24
5. Conservación y normas de higiene   32
6. Identificación de los productos adecuados para cada tipo de crema   34
7. Resumen   42
   Ejercicios de repaso y autoevaluación   43

Capítulo 2
Proceso de elaboración de cremas batidas

1. Introducción   47
2. Tipos: crema de almendras, crema muselina, crema de moka,
   crema de trufa, nata montada y otras   47
3. Identificación de los ingredientes propios de cada elaboracion.
   Formulación y secuencia de operaciones   54
4. Determinación del punto de montaje, batido y consistencia de cada
   crema y análisis de las anomalías y defectos más frecuentes.
   Posibles correcciones   62
5. Conservación y normas de higiene   69
6. Identificación de los productos adecuados para cada tipo de crema   70
7. Resumen   80
   Ejercicios de repaso y autoevaluación   83

Capítulo 3
Proceso de elaboración de cremas ligeras

1. Introducción   87
2. Tipos: *chantilly*, *fondant* y otras   87

3. Identificación de los ingredientes propios de cada elaboración.
   Formulación de las elaboraciones y secuencia de operaciones   97
4. Determinación del punto de montaje, batido y consistencia de
   cada crema y análisis de las anomalías y defectos más frecuentes.
   Posibles correcciones   103
5. Conservación y normas de higiene   109
6. Identificación de los productos adecuados para cada tipo de crema   110
7. Resumen   118
   Ejercicios de repaso y autoevaluación   119

Capítulo 4
Proceso de elaboración de rellenos salados

1. Introducción   123
2. Tipos: cremas base para rellenos salados, crema bechamel y otras   123
3. Identificación de los ingredientes propios de cada elaboración.
   Formulación de las elaboraciones y secuencia de operaciones   130
4. Determinación del punto de montaje, batido, consistencia y
   características de cada elaboración. Análisis de las anomalías
   y defectos más frecuentes. Posibles correcciones   138
5. Conservación y normas de higiene   146
6. Identificación de los productos adecuados para cada tipo de crema   147
7. Resumen   161
   Ejercicios de repaso y autoevaluación   163

Capítulo 5
Proceso de elaboración de cubiertas

1. Introducción   167
2. Tipos: glaseados, pasta de almendras, crema de chocolate, brillo
   de fruta y otras   167
3. Identificación de los ingredientes propios de cada elaboración.
   Formulación y secuencia de operaciones   175
4. Determinación del punto de montaje, batido, consistencia y
   características propias de cada elaboración. Análisis de las
   anomalías y defectos más frecuentes. Posibles correcciones   179
5. Conservación y normas de higiene   183
6. Identificación de los productos adecuados para cada tipo de crema   185
7. Resumen   191
   Ejercicios de repaso y autoevaluación   193

Glosario   195

Bibliografía   199

Capítulo 1

Proceso de elaboración de cremas con huevo

Contenido

1. Introducción
2. Tipos: crema pastelera, crema pastelera para hornear, yema, de mantequilla y otras
3. Identificación de los ingredientes propios de cada elaboración. Formulación. Secuencia de operaciones
4. Determinación del punto de montaje, batido, consistencia, etcétera, de cada crema y análisis de las anomalías y defectos más frecuentes. Posibles correcciones
5. Conservación y normas de higiene
6. Identificación de los productos adecuados para cada tipo de crema
7. Resumen

1. Introducción

El objetivo de este manual de elaboraciones complementarias en panadería y bollería va a ser conocer al máximo las distintas elaboraciones de cremas para la preparación y el relleno de bollería, tartas, pasteles y otros productos de pastelería.

La elaboración de estas cremas puede ser muy sencilla, pero necesita de un mimo especial, ya que también son muy delicadas.

En la pastelería, una de las bases más importantes son las cremas. Hay varios tipos, según sus ingredientes y para qué se vayan a usar. Este capítulo se va a centrar en un tipo de crema en concreto: las elaboradas con base de huevo.

Dentro de este grupo hay varias clases que pueden ser muy diferentes entre sí, desde cremas dulces hasta ácidas, estando adicionadas con frutas cítricas como naranja o limón.

2. Tipos: crema pastelera, crema pastelera para hornear, yema, de mantequilla y otras

Las cremas con base de huevo forman parte de un grupo numeroso de elaboraciones de pastelería donde el huevo es el elemento principal. Acompañado de otros ingredientes, se pueden obtener diferentes texturas y preparados. Estas elaboraciones con huevo resultan muy untuosas y aportan densidad y espesor a la crema una vez que se han sometido a los efectos del calor. Pueden ser utilizadas como postres directamente (como en el caso de los flanes o el pudin) o bien como relleno o complemento de otras elaboraciones más complejas (como los helados).

2.1. Crema pastelera

Es una crema básica de uso cotidiano en la pastelería, con origen incierto, pues no está documentado. Sin embargo, se cree que la crema data de principios del siglo XIX, cuando las pastelerías alcanzan su mayor auge.

Los ingredientes empleados para la elaboración de la crema pastelera son los comunes ante cualquier crema con huevo, sufriendo variaciones en su elaboración en función del empleo que se le va a dar a la crema y también desde el punto de vista económico.

Ejemplo

Se pueden citar las cremas pasteleras con fécula o harina, que permitirán una menor utilización de huevo, adición de colorantes, etcétera.

Algunos postres tradicionales elaborados con crema pastelera son las berlinesas, las roscas de pascua, etcétera.

Por otro lado, a partir de la crema pastelera se pueden elaborar múltiples derivados, como son los siguientes:

- Crema pastelera perfumada.
- Crema pastelera de café
- Crema pastelera de licor.
- Crema cocida ligera.
- Crema Saint-Honoré.
- Crema muselina.
- Crema diplomática.

Crema pastelera básica

2.2. Crema pastelera para hornear

Es considerada como una derivada de la crema pastelera, pero su uso está más restringido, pues, si bien sus ingredientes son comunes a la crema pastelera, su textura es mucho más firme, aunque en postres horneados trasmite una textura muy cremosa.

No se utiliza como postre directamente, sino como relleno o complemento de otras elaboraciones complejas como hojaldres, tartas, etcétera. Además, esta crema es apta para poder ser gratinada o quemada con la pala de quemar o soplete.

Al igual que la crema pastelera, esta elaboración puede ser perfumada con licores e infusiones y coloreada con ingredientes como café, puré de frutas, etcétera.

Crema pastelera para hornear

2.3. Yema

Esta preparación tradicional goza de gran importancia, aunque su utilización está reservada fundamentalmente para cubrir las elaboraciones pasteleras, que posteriormente pueden ser quemadas, abrillantadas, etcétera.

En esta crema, el ingrediente principal es, como su nombre indica, la yema de huevo. Tiene distintas consistencias según la aplicación que se le vaya a dar.

Ejemplo

Se puede elaborar yema blanda, que se usa para rellenar, o yema dura para hacer las famosas bolitas de yema.

No hay que confundir la crema pastelera con la yema pastelera, pues la base de la primera es de huevos y leche, mientras que la yema es una crema hecha exclusivamente de agua, yemas y azúcar (en algún caso también huevos enteros).

Crema de yema

 **Ejemplo**

La crema de yema puede ser utilizada como ingrediente principal del turrón de yema.

2.4. Crema de mantequilla

Este tipo de cremas son muy ligeras en su textura, ya que se obtienen por la emulsión de mezclas cuyo ingrediente principal es la mantequilla. Es posible encontrar varios tipos: crema muselina, mantequilla confitada, crema de almendras, etcétera, aunque éstas pasan a ser cremas batidas, por lo que se verán con más detenimiento en el momento oportuno.

Esta crema es un relleno básico para tartas y pasteles. También se puede usar como decoración.

 Nota

Una de las claves de la crema de mantequilla es que se puede aromatizar casi con cualquier ingrediente, siendo lo más común la vainilla o el chocolate.

La crema de mantequilla se usa mucho en pastelería y forma parte de las cremas clásicas de la repostería.

La textura de esta crema requiere de batido para propiciar su emulsión y textura característica.

Crema de mantequilla

2.5. Otras

Otras de las elaboraciones que destacar teniendo el huevo como elemento característico son las presentadas a continuación.

 **Sabía que...**

La crema inglesa es una de las bases principales para la elaboración de helados.

Crema inglesa (con base de huevo y leche)

También es una de las cremas más usadas en pastelería, pudiendo acompañar con ella toda clase de postres.

Se dice que su origen se encuentra en los conventos de toda Europa. Tiene una elaboración bastante económica, pero, en cambio, es un alimento muy completo por su riqueza en proteínas y grasas animales.

La crema inglesa sirve como base a innumerables postres.

Tocino de cielo

Aunque no se puede considerar como crema por su característica textura, sus ingredientes y método de elaboración la asemejan a éstas, siendo muy usada para cubrir o napar otras elaboraciones, pasando a formar parte de ellas.

Así, el tocino de cielo, además de un postre en sí, es una crema utilizada para complementar otros postres cuyos ingredientes principales son la yema de huevo caramelizada y el azúcar, mostrando un color amarillo intenso.

Su procedencia está en los conventos del sur de España.

Tiene un sabor y una textura muy característicos y para su acompañamiento se puede completar con fresas, plátanos o cualquier fruta en almíbar.

Postre en el que se incorpora el tocino de cielo como elemento de relleno y cobertura.

Crema sabayón

El sabayón es una crema de gran tradición italiana. Su receta se elabora con yemas de huevo crudas que se cocinan batiéndolas al baño maría, pudiéndose aligerar con nata montada.

Se puede tomar fría o caliente y el resultado es una crema espumosa para usar de acompañamiento o para gratinar, por ejemplo encima de alguna fruta, o también para degustarla sola.

Postre gratinado elaborado con crema sabayón y frutos del bosque

3. Identificación de los ingredientes propios de cada elaboración. Formulación. Secuencia de operaciones

A partir de aquí vamos a ir descubriendo qué se necesita para las diferentes elaboraciones de cremas con el huevo como principal ingrediente y cómo va a ser su secuencia de operaciones para realizar correctamente las recetas.

Por ejemplo, en la crema pastelera, se usarán huevos, leche, azúcar y almidón de maíz, entre otros. Para las yemas, que tienen una textura más cremosa que la crema pastelera, su color es más parecido al de la yema de huevo. Esto se debe a que solo se usa la yema del huevo, reservando la clara para otras acciones. Según sus ingredientes, se puede diferenciar entre yema pura y yema mixta. La yema pura, debido a su textura, se puede utilizar para rellenar o cubrir tartas, pasteles o bollería. Esta solo llevará azúcar y yema de huevo. La yema mixta contiene huevos enteros, aparte de la yema. El resultado se asemeja a la anterior, pero consiguiendo abaratar el coste final del producto.

 Nota

Si se cambian las yemas por huevos enteros en la misma proporción, la crema perderá calidad en cuanto a sabor, pero será bastante más económica al utilizar menos huevos (la yema pesa aproximadamente el 35 % del peso total del huevo).

Receta

Crema pastelera

<u>Ingredientes</u>

- Leche 1l
- Azúcar 220 g
- Yemas 7 u
- Harina floja 75 g
- Almidón 25 g
- Vainilla 1 u
- Canela en rama 1 u
- Piel de limón o naranja (1 piel)

<u>Elaboración</u>

1. Poner la leche (reservando 1/5 del total) a hervir, infusionándola con los aromatizantes.
2. Mezclar en un recipiente semiesférico o de medio punto, el azúcar, el almidón y la harina. Mezclar bien con el batidor y añadir la leche que se ha reservado, removiendo con batidor hasta diluir por completo la mezcla.
3. En este punto, se agrega la yema del huevo y se bate bien la mezcla hasta conseguir una papilla.
4. Una vez infusionada y hervida la leche, añadir a la papilla anterior fuera del fuego, sin parar de remover hasta diluir por completo la mezcla. Pasar el conjunto por un chino y volver a poner al fuego hasta que rompa a hervir la crema. En este punto, cuando ha cogido consistencia, se retira del fuego y se enfría:

   - Directamente en el abatidor de temperaturas.
   - Volcando la crema sobre la mesa, que estará escrupulosamente limpia, para que se airee y enfríe con rapidez.

5. Una vez fría la crema, recoger en un recipiente apropiado con cierre hermético o taparla totalmente con papel film y reservarla en refrigeración.

Receta

Crema pastelera para hornear

<u>Ingredientes</u>

ı Leche 1l
ı Azúcar 220 g
ı Huevo 5 u
ı Harina floja 75 g
ı Almidón 60 g
ı Vainilla 1 u
ı Canela en rama 1 u
ı Piel de limón o naranja (1 piel)

<u>Elaboración</u>

1. La elaboración seguirá los pasos de la crema pastelera, prestando mayor atención a la hora de cocerla, pues al quedar una crema con mayor cuerpo, pueden surgir grumos.
2. Otro aspecto importante es el gusto que se puede obtener, pues al llevar más fécula, esta puede alterarlo.

Receta

Yema mixta dura

<u>Ingredientes</u>

- l Huevos 6 u
- l Yemas 12 u
- l Almidón de maíz 100 g
- l Azúcar 250 g
- l Azúcar 375 g
- l Agua 100 dl
- l Una vaina de vainilla

<u>Elaboración</u>

1. Hacer un almíbar a punto de hebra fuerte con los 375 g de azúcar y el agua.
2. Mezclar las yemas y los huevos, añadiendo el resto del azúcar (250 g) y el almidón de maíz.
3. Añadir el almíbar a la mezcla anterior sin dejar de remover.
4. Colar por un chino y poner al fuego removiendo para que no se agarre.
5. Cuando esté cuajado, extender sobre una superficie de mármol bien limpia y seca para que enfríe y coja brillo.
6. Guardar en un recipiente y conservarlo en nevera hasta su uso.

Receta

Yema blanda

Ingredientes

- Huevos 15 u
- Azúcar 700 g
- Almidón de maíz 60 g
- Agua 2 dl
- Vainilla

Elaboración

1. Hacer un almíbar con el azúcar y parte del agua hasta el punto de hebra fuerte.
2. Diluir el almidón con el resto del agua.
3. Mezclar los huevos añadiendo el almidón diluido.
4. Añadir el almíbar sin dejar de remover.
5. Colar por un chino sobre un recipiente y ponerlo al fuego directo.
6. Cuajar la crema removiendo para evitar que se agarre.
7. Extender sobre una superficie de mármol para que enfríe.
8. Guardar en un recipiente y conservarlo en la nevera.

Receta

Yema pura blanda

<u>Ingredientes</u>

- Azúcar 500 g
- Yemas 30 u
- Agua 150 cl

<u>Elaboración</u>

1. Hacer un almíbar a punto de hebra fuerte.
2. Batir y mezclar las yemas añadiendo el almíbar poco a poco y sin dejar de remover.
3. Cuajar la mezcla al fuego directo sin dejar de remover.
4. Extender sobre mármol y conservar en frío.

 Receta

Yema pura dura

<u>Ingredientes</u>

- Yemas 30 u
- Azúcar 600 g
- Agua 125 cl

<u>Elaboración</u>

1. Hacer un almíbar a punto de bola.
2. Batir y mezclar las yemas en un recipiente aparte.
3. Añadir las yemas al almíbar.
4. Cuajar la mezcla al fuego sin dejar de remover para que no se pegue.
5. Conseguir el punto exacto de la yema y enfriar sobre mármol preferiblemente.

Receta

Crema de mantequilla

<u>Ingredientes</u>

- Azúcar 800 g
- Mantequilla 600 g
- Glucosa 100 g
- Agua 200 g
- Yema pasteurizada 50 g (para enriquecer)
- Opcional: se puede adicionar del sabor que se quiera, como chocolate, café, etcétera

<u>Elaboración</u>

1. Hervir en un recipiente adecuado el azúcar y la glucosa con el agua y dejar atemperar a 25 ºC.
2. Poner la mantequilla en pomada y montar en la batidora e ir incorporando el jarabe poco a poco, dando tiempo a la mantequilla para que lo absorba en una mezcla homogénea. Si el jarabe estuviese demasiado caliente fundiría la mantequilla, por eso debe atemperarse.
3. Una variante de esta crema es montando en la batidora a partes iguales un merengue terminado con mantequilla en pomada.

Receta

Crema inglesa

<u>Ingredientes</u>

- Leche 1 l
- Azúcar 250 g
- Yemas 8 u
- Vainilla c/s
- Canela 1 astilla

<u>Elaboración</u>

1. Hervir la leche con la vanilla.
2. Hacer una carga con las yemas y el azúcar.
3. Añadir la leche aromatizada a la carga, previamente batida, poco a poco sin dejar de remover con una varilla.
4. Volver a llevar la mezcla al baño maría hasta que su temperatura alcance los 85 ºC, sin dejar de remover, hasta que espese. No es recomendable que la leche llegue a los 100 ºC, ya que si hierve se cortaría y se separarían sus componentes.
5. Para comprobar que la crema está correcta, se puede optar por la prueba de la lágrima, consistente en marcar una línea sobre una paleta o espátula impregnada en la crema, observando la resistencia a caída que tiene.

Receta

Tocino de cielo

<u>Ingredientes</u>

ı Yemas 24 u
ı Huevos 4 u
ı Azúcar 600 g
ı Agua 200 g

<u>Elaboración</u>

1. Untar los moldes con un caramelo rubio.
2. Hacer un almíbar hasta punto de hebra fuerte.
3. Mezclar las yemas con los huevos en un bol.
4. Añadir el almíbar a la mezcla anterior sin dejar de remover con una varilla.
5. Colar con un chino y rellenar los moldes.
6. Cocción: se puede cocer al vapor (el tiempo dependerá del tamaño del molde) o al baño maría en el horno a una temperatura de 180 ºC durante 20-25 minutos.

 **Receta**

Sabayón

<u>Ingredientes</u>

- Yemas 200 g
- Azúcar 150 g
- Licor de *kirsch* o ron 100 g

<u>Elaboración</u>

1. Batir en un bol de acero inoxidable al baño maría las yemas con el azúcar hasta que blanqueen y espesen.
2. Añadir poco a poco el ron o *kirsh* mientras se continúa batiendo.
3. Retirar del fuego y continuar batiendo hasta que espese.

4. Determinación del punto de montaje, batido, consistencia, etcétera, de cada crema y análisis de las anomalías y defectos más frecuentes. Posibles correcciones

Tras dar a conocer los ingredientes y métodos de las recetas de cremas con huevo más comunes, se pasará a estudiar más a fondo los puntos exactos en su elaboración, para que durante la práctica se puedan solucionar posibles incisos, así como conocer el punto exacto de batido o consistencia.

 Nota

Siempre se deberá partir del uso de ingredientes de primera calidad.

 **Importante**

Puntos de cocción del azúcar:

- Almíbar, entre 85 y 90 ºC.
- Espejuelo, entre 100 y 105 ºC.
- Hebra floja, entre 105 y 108 ºC.
- Hebra fuerte, entre 110 y 114 ºC.
- Bola floja, entre 114 y 118 ºC.
- Bola fuerte, entre 122 y 126 ºC.
- Caramelo blando 140 ºC.
- Caramelo fuerte, entre 146 y 150 ºC.
- Caramelo rubio 160 ºC.

4.1. Crema pastelera

Se deben tener en cuenta algunos consejos a la hora de elaborar las cremas, así como la práctica suficiente para poder solucionar posibles incisos durante su elaboración.

Para obtener un resultado óptimo se deberán tener presentes los siguientes pasos:

- Realizar una infusión, reposo y filtrado de la leche a utilizar.
- Realizar la unión de huevo y azúcar (carga) para aumentar la temperatura de coagulación del huevo.
- Unir y mezclar la carga con la harina hasta que no aparezcan grumos.
- Incorporar la leche sobre la carga anterior, poco a poco y moviendo con varilla.
- Poner a fuego medio sin dejar de mover hasta que la crema alcance la textura ideal, evitando el sabor a crudo que puede transmitir la harina.

Si se observa que aparecen grumos en la elaboración, se podrá pasar por un colador fino sin oprimir, pues los grumos están formados por aglomeraciones de fécula.

Es recomendable añadir finalmente una nuez de mantequilla, que evitará que la crema se encostre en la parte superior y transmitirá suavidad a esta.

Sabía que...

Para evitar la costra también se puede cubrir con papel film, tocando la crema.

Para aromatizar la leche se suele utilizar cáscara de naranja o limón, además de vainilla, canela, etcétera.

El método ideal para enfriarla pasa por extenderla sobre mesa de mármol refrigerada, moviéndola con espátula, para a continuación reservar en cámara frigorífica a un máximo de 4 °C hasta 4 días.

Nota

Actualmente con el uso de las nuevas tecnologías y la implantación de las normas de seguridad alimentarias, se impone como necesario el uso del abatidor de temperaturas.

4.2. Yema

Para la preparación de una crema de yema, el paso más importante es la elaboración del almíbar, teniendo que respetar la temperatura ideal, dependiendo de esta toda la elaboración.

 **Receta**

Almíbar

<u>Ingredientes</u>

- Agua: la cantidad suficiente para hidratar el azúcar, teniendo que añadir más para puntos de almíbar bajos.
- Azúcar: cantidad conveniente a la necesidad del trabajo.
- Licor: si se desea, en proporción convencional.

<u>Elaboración</u>

1. Poner en un cazo el azúcar y el agua.
2. Mezclar bien y añadir el licor.
3. Poner a cocer y, una vez roto el hervor, retirar del fuego y dejar reposar la espuma que se ha creado. A continuación, espumar (retirar la espuma con una espumadera).
4. Volver a poner al fuego para que tome el punto óptimo. Durante la cocción del almíbar, limpiar las paredes frotando con una brocha impregnada en agua.

El punto que se suele utilizar para la elaboración de la yema es el punto de hebra floja (105-108 °C).

La consistencia de la yema tendrá que ver con la cantidad de almidón que lleve la receta y el punto del almíbar. Una vez elaborada hay que enfriarla rápidamente sobre una superficie de mármol (o abatidor) y, a continuación, guardarla en frío en un recipiente adecuado de acero inoxidable o plástico.

Las anomalías que pueden detectarse en la yema son muchas, dependiendo, como se ha indicado con anterioridad, del punto del almíbar y su temperatura.

En la realización del almíbar hay que asegurarse de que el punto del azúcar sea el adecuado para la receta de yema que se vaya a elaborar, comprobando la temperatura de éste con un buen termómetro especial para la medición del almíbar.

 **Recuerde**

La textura de la yema pastelera dependerá de los ingredientes empleados y de su proporción.

4.3. Crema de mantequilla

Para la elaboración de esta crema, la mantequilla a usar deberá ser de primera calidad y estar a temperatura ambiente con textura de pomada, para así obtener una crema fina y lisa, evitando posibles grumos.

Cuando se incorpora la mantequilla a la crema pastelera (debe estar a temperatura ambiente) puede parecer que se corta, por lo que se debe batir enérgicamente hasta obtener una mezcla homogénea.

La textura de esta crema es bastante ligera e irá cuajando a medida que se vaya enfriando.

El batido en este tipo de cremas es muy importante para poder trabajar con ellas correctamente. Hay que utilizarlas inmediatamente después de su elaboración, ya que si guardamos en frío tendrá un aspecto más áspero y no tan delicado, aunque para conservarla se debe guardar en cámara frigorífica.

Crema de mantequilla adicionada de café

 **Nota**

Para aromatizar esta crema (licor, chocolate en polvo, cacao, café, etc.) se deberá añadir el aromatizante momentos antes de finalizar la preparación.

4.4. Crema inglesa

Es una de las cremas más delicadas en cuanto a su elaboración.

Partiendo, al igual que con la crema de mantequilla, de productos de primera calidad, el proceso idóneo es el siguiente:

- Realizar una infusión, reposo y filtrado de la leche a utilizar.
- Realizar la unión de huevo y azúcar (carga) para aumentar la temperatura de coagulación del huevo.
- Incorporar la leche sobre la carga anterior, poco a poco y moviendo con varilla, intentando no formar mucha espuma.
- Mover y poner sobre baño maría, sin dejar de mover con espátula, hasta que la crema alcance la textura ideal.

Si se incorpora algún alcohol o licor hay que hacerlo una vez este fría la crema, con el fin de que este no se evapore.

Si se quiere dar a la crema una textura mucho más fina, se puede sustituir la mitad de la leche por nata.

Para conocer el punto ideal de cocción, se utilizará la técnica de marca descrita anteriormente.

Importante

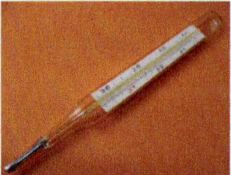 Si la crema inglesa se cuece en exceso se cortará, teniendo que desecharla.

La temperatura que debe alcanzar durante la cocción la crema inglesa es de 85 ºC.

4.5. Tocino de cielo

Partiendo de la receta original y básica del tocino de cielo, en la que sólo aparecen como ingredientes fundamentales el huevo y el azúcar, se tendrán en consideración los siguientes factores:

- Para conseguir una textura adecuada, se deberá realizar un almíbar de hebra fuerte (110-114 ºC), ya que un punto excesivo de cocción provocará un endurecimiento final de la preparación.
- Las yemas utilizadas deberán estar perfectamente limpias, sin restos de clara.
- El almíbar, una vez realizado, se incorporará a las yemas bien batidas poco a poco, sin dejar de mover, siempre con varilla.
- Una vez realizada la mezcla, pasar por chino, para eliminar posibles grumos.
- El caramelo a realizar para el molde deberá alcanzar los 160 ºC, adquiriendo un bonito color dorado, que se trasmitirá a la elaboración.
- Dejar enfriar el caramelo del molde para, a continuación, introducir la mezcla a cocer.
- Cocer al baño maría o en horno de vapor controlado (tapado herméticamente, impidiendo la entrada de agua a la mezcla), siendo la temperatura ideal de cocción 85 ºC, obteniendo un corte muy fino y sin aire interior.

El tocino de cielo debe ser desmoldado siempre en frío, ya que de lo contrario se puede romper, por presentar una textura muy delicada.

Tocino de cielo cocido de forma irregular, apareciendo burbujas de aire en su interior.

4.6. Sabayón

El sabayón se puede servir caliente, frío o helado. El resultado final será el de una crema muy espumosa y untuosa que se puede tomar sola o acompañada de fruta fresca.

Su cocción ideal se realiza al baño maría, no pudiendo subir de los 55 ºC, por riesgo de coagulación.

 Nota

I Temperatura de coagulación de la clara (62-65 ºC).
I Temperatura de coagulación de la yema (65-70 ºC).

Las yemas usadas deben ser frescas y estar perfectamente limpias para facilitar la emulsión, provocada por la lecitina y grasa que poseen.

Definición

Lecitina
Sustancia grasa que contiene glicerol, ácido graso, colina y ácido fosfórico, presente en células animales y vegetales.

En el caso de añadir *kirsh* o vinos aromáticos (dulce, añejo, etcétera), se deberá hacer fuera del fuego, finalizando la emulsión.

5. Conservación y normas de higiene

Debido a la incorporación del huevo como parte fundamental entre sus ingredientes, habrá que tener cuidado con el tratamiento térmico, ya que muchas veces a fuego directo o al baño maría estas elaboraciones tienen el riesgo de cortarse, quedando grumosas y disociadas, siendo inservibles para su utilización. En las elaboraciones en las que se necesite conseguir mezclas con almíbares para su ejecución, se respetará siempre la temperatura indicada, pues un exceso de temperatura puede influir en una cristalización excesiva o empalizamiento de la mezcla.

En cuanto a su conservación, es obligatorio llevarla a cabo en cámara refrigerada, siendo recomendable la utilización de ovoproductos para disminuir riesgos. Además, en todo momento se deberán manipular los ingredientes con la máxima cautela, evitando la contaminación cruzada.

El tiempo de conservación de este tipo de cremas es muy limitado, ya que el huevo es un producto muy perecedero, por lo que a la hora de determinar el tiempo de conservación de una crema u otro tipo de preparado siempre se tendrá en cuenta el ingrediente más perecedero que intervenga en su composición.

Ejemplo

En una crema inglesa, el tiempo de conservación lo determinará el huevo, que es el ingrediente más perecedero, y no el azúcar, que no es un ingrediente que se estropee en poco tiempo.

Es importante en este punto hacer mención al Real Decreto 1021/2022, de 13 de diciembre, por el que se regulan determinados requisitos en materia de higiene de la producción y comercialización de los productos alimenticios, mostrando en su artículo 9 los requisitos específicos para los alimentos elaborados con huevo, indicándose:

1. Los productos que incluyan huevo deben ser sometidos a:

▌ *Tratamiento térmico donde se alcance una temperatura igual o superior a 70 ºC durante dos segundos en el centro del producto o cualquier otra combinación de condiciones de tiempo y temperatura con la que se obtenga un efecto equivalente.*

▌ *Tratamiento térmico donde se alcance una temperatura de 63 ºC durante veinte segundos en el centro del producto y se sirvan para su consumo inmediato.*

▌ *De no cumplir con las premisas indicadas anteriormente, el huevo debe ser sustituido por ovoproductos autorizados.*

▌ *Los productos con base de huevo que no sean estables a temperatura ambiente, se conservarán a una temperatura igual o inferior a 8 ºC consumiéndose en un plazo máximo de veinticuatro horas a partir de su elaboración.*

Importante

Recuerda llevar un exhaustivo control de los productos elaborados con base de huevo, indicando en todo caso la fecha y hora de elaboración.

Además de lo que dice el real decreto, todos los productos de pastelería, incluidas las cremas, se conservarán en recipientes de material inalterable para evitar intoxicaciones alimenticias y estarán aislados de otras elaboraciones, cerrados en recipientes herméticos o envasados al vacío, para evitar que adquieran olores no deseados.

6. Identificación de los productos adecuados para cada tipo de crema

El azúcar, el huevo, la mantequilla, la harina o la leche, son algunos de los ingredientes presentes en la elaboración de las cremas. Las características de estos ingredientes incidirán sobre el producto final y por tanto su elección será uno de los principios a tener presentes.

6.1. Crema pastelera, crema inglesa, crema de yema, sabayón

Los ingredientes implicados en su elaboración son similares, por ello se describirán conjuntamente la crema pastelera, la crema inglesa y la crema de yema.

Azúcar

Hay muchos tipos de azúcar, siendo el más apropiado para la elaboración de estas cremas el azúcar blanco, que es un azúcar con un contenido del 99,5 % de sacarosa, o bien el azúcar refinado, que tiene un contenido del 99,9 % de sacarosa. Este azúcar es sometido a tratamientos químicos que lograrán la máxima pureza, perdiendo en su proceso de refinamiento algunos de sus nutrientes, como minerales y vitaminas.

Azúcar blanco

Almidón de maíz

El almidón es un hidrato de carbono que se encuentra en las células de algunas semillas de plantas como el maíz, siendo este último el más usado en pastelería y el más propio para este tipo de elaboraciones por su poder de ligazón.

El almidón presenta una textura muy fina.

Este tipo de almidón trasmite elasticidad a las cremas, teniendo un gran poder espesante. Por ejemplo, para la crema pastelera basta con 60 g de almidón por 700 g de leche.

 Nota

 Para la adecuada utilización del almidón es necesario su previa disolución en líquido frío.

Harina panificable o floja (de trigo)

Tiene un bajo contenido de gluten (proteína), llegando a un máximo de un 9 % en su composición. Indicada para elaboraciones de repostería que no requieren de mucho trabajo.

La harina panificable o floja se representa con un valor mayor o igual a 70 y menor de 150.

También puede ser utilizada la harina equilibrada, siendo esta una mezcla de harinas, donde se obtiene un nivel de gluten intermedio (W 200).

 Nota

El factor W es uno de los parámetros para la panificación de la masa, conocido como fuerza de la masa. Otros parámetros son:

- Tasa de absorción de agua.
- Resistencia (P).
- Extensibilidad (L).
- Relación entre resistencia y extensibilidad (P/L).

Leche

La leche es un alimento completo e indispensable para este tipo de cremas.

Normalmente, la leche utilizada es la producida y extraída de la vaca, siendo muy importante que esté certificada y que haya pasado un riguroso control sanitario, habiéndose sometido a procesos de pasteurización o UHT.

 **Consejo**

Para la crema pastelera también se podrá usar nata, dividiendo la cantidad de líquido en dos y añadiendo mitad leche mitad nata. Así se conseguirá una textura más cremosa.

Huevos

El huevo es un ingrediente clave en estas elaboraciones.

El más usado para estas elaboraciones es por supuesto el de gallina, prevaleciendo el fresco sobre los demás.

Siempre se usará desprendido de la cáscara y, en función de la textura o color deseado, se introducirá en la formulación de la elaboración.

En concreto, para la crema pastelera presentada anteriormente la cantidad sería de 7 unidades de yema para obtener un color más intenso.

La yema de huevo trasmitirá a la crema un color más intenso.

Vainilla

La vainilla es la vaina curada de una orquídea y se usa como condimento para innumerables elaboraciones y, por supuesto, para las cremas con huevo.

Puede encontrarse en vainas, aroma líquido, molida o en sucedáneo, siendo la más aconsejable para estas cremas la comercializada en vainas, tanto por su sabor natural como por su aroma.

Para su uso se tendrá que realizar una incisión para facilitar la salida de sus semillas, tomando el líquido infusionado todo su sabor.

Vaina de vainilla y sus semillas

6.2. Crema de mantequilla

Además de los productos citados anteriormente, estas cremas tienen como materia prima principal la mantequilla, aportando a las elaboraciones una suavidad exquisita, perfumes y aromas extraordinarios y texturas impecables.

Mantequilla

Atendiendo a su composición, la mantequilla es una emulsión y la simbiosis perfecta de agua y materia grasa, compuesta por un 82 % mínimo de grasa, un 16 % como máximo de agua y un 2 % de extracto seco.

? Sabía que...

El origen de la mantequilla es desconocido, pero se atribuye a los pueblos mongoles, celtas y vikingos, siendo su hallazgo fruto del azar.

Hoy en día también se usan las margarinas vegetales o mantecas, pero no dan el mismo resultado, ni en el sabor ni en la textura, no obstante, se describirán a continuación, para darlas a conocer.

Margarina

Dentro de las margarinas se distingue entre margarinas 100 % vegetales y margarinas mixtas.

Margarinas 100 % vegetales

Las margarinas 100 % vegetales son grasas de origen vegetal con aspecto similar a la mantequilla pero más untuosas. Se obtienen por procedimientos industriales a partir de grasas insaturadas de origen vegetal.

Margarinas mixtas

Las margarinas mixtas son obtenidas a partir de la mezcla de grasas de origen vegetal y animal. Su aspecto es similar a la mantequilla y, al igual que las margarinas 100 % vegetales, se obtienen por procedimientos industriales

Por regla general tienen un contenido en agua inferior al 16 %.

Manteca de cerdo

Es de origen animal. Se obtiene del tejido adiposo del cerdo. Es de color blanco y se encuentra en estado sólido a temperatura ambiente.

Tiene un sabor intenso, por lo que su utilización en pastelería es muy concreta, estando reservada para algunas elaboraciones, como hojaldres, ensaimadas y mantecados.

La manteca de cerdo es muy utilizada en recetas tradicionales.

 Aplicación práctica

Trabajando en un obrador de pastelería, ¿cómo actuaría ante la necesidad de preparar diferentes cremas pasteleras, siendo éstas de chocolate blanco, chocolate negro y café, sin olvidar la crema pastelera básica?

SOLUCIÓN

Basándonos en la receta y elaboración de crema pastelera básica expuesta y sin dejarla enfriar, dividiremos la crema en 4 partes.

Para la crema pastelera básica, se añadirá una nuez de mantequilla, para obtener una crema más cremosa, evitando al mismo tiempo que se encostre. Reservamos en cámara frigorífica hasta su uso.

Continúa en página siguiente >>

<< Viene de página anterior

Para la crema pastelera al chocolate blanco y crema pastelera al chocolate negro, se añadirá la cantidad necesaria de ambos, presentados en gotas o pepitas, sin necesidad de previo fundido, pues el calor que la crema irradia será suficiente. Se moverá con varilla hasta integrar totalmente el producto. Reservar en cámara, filmando de forma adecuada.

La crema pastelera de café se podrá realizar a partir de dos métodos bien diferentes, según la naturaleza del café empleado. Así, para un café expreso, se partirá de la realización de un café concentrado corto que se añadirá a la crema, moviéndola de forma enérgica hasta que se integre en su totalidad. Otra posibilidad es la adición de café liofilizado (en polvo), que se hidratará con la humedad de la crema, quedando una textura más compacta que con el caso anterior.

7. Resumen

Expuestas las diferentes cremas realizadas con base de huevo, se establecen e identifican los ingredientes específicos de cada elaboración, describiendo sus proporciones más adecuadas y las técnicas a llevar a cabo para obtener resultados óptimos.

Conocer las características de cada crema ayudará a determinar el punto de montaje, consistencia o batido óptimo, siendo además necesario conocer las propiedades o características de los productos que integran las elaboraciones.

Finalmente, cabe destacar la obligatoriedad del cumplimiento de las instrucciones dadas por la normativa referente a la manipulación de alimentos, así como el uso de productos derivados del huevo, siendo establecido por ley el uso de huevo pasteurizado y ovoproductos para la elaboración de estas cremas, evitando riesgos en la elaboración y conservación.

Ejercicios de repaso y autoevaluación

1. ¿Cuál de estas cremas entra dentro del grupo de las cremas de mantequilla?

    a. Muselina
    b. *Vichysoise*
    c. Tocino de cielo
    d. Yema dura

2. ¿A cuántos grados centígrados llega el punto de hebra fuerte del azúcar?

    a. Entre 100 y 104 ºC
    b. Entre 110 y 114 ºC
    c. Entre 105 y 112 ºC
    d. Entre 96 y 100 ºC

3. ¿Cuál o cuáles de las siguientes afirmaciones son correctas?

    a. La crema inglesa es una de las bases en la preparación de helados.
    b. El sabayón es una crema de origen portugués.
    c. Para cocer la crema inglesa se usará fuego directo.
    d. Para la yema pura dura se utilizará la misma cantidad de yemas que de claras.

4. Dadas las siguientes temperaturas, relaciónelas como corresponda.

    a. Almíbar
    b. Espejuelo
    c. Hebra floja
    d. Hebra fuerte
    e. Bola floja
    f. Bola fuerte
    g. Caramelo blando
    h. Caramelo fuerte
    i. Caramelo rubio

    __ Entre 100 y 105 ºC
    __ 140 ºC
    __ Entre 114 y 118 ºC
    __ Entre 105 y 108 ºC

___ Entre 146 y 150 °C

___ 160 °C

___ Entre 122 y 126 °C

___ Entre 110 y 114 °C

___ Entre 85 y 90 °C

5. **Complete las siguientes frases.**

Es recomendable añadir una nuez de mantequilla a la _____ una vez realizada.

Para el tocino de cielo, partiremos de un almíbar de hebra _____.

La _____ es un azúcar sometido a tratamientos químicos que logran una máxima pureza.

La simbiosis perfecta de agua y materia grasa en una mantequilla corresponde a valores de 82 % mínimo de _____ y 16 % máximo de _____.

Capítulo 2

Proceso de elaboración de cremas batidas

Contenido

1. Introducción
2. Tipos: crema de almendras, crema muselina, crema de moka, crema de trufa, nata montada y otras
3. Identificación de los ingredientes propios de cada elaboracion. Formulación y secuencia de operaciones
4. Determinación del punto de montaje, batido y consistencia de cada crema y análisis de las anomalías y defectos más frecuentes. Posibles correcciones
5. Conservación y normas de higiene
6. Identificación de los productos adecuados para cada tipo de cremas
7. Resumen

1. Introducción

En este capítulo se van a estudiar las cremas batidas, cuya base principal es la nata o las claras de huevo. Son batidas ya que se les incorpora aire para que doblen su volumen, quedando de esta forma con una textura muy esponjosa.

Hay una gran variedad de cremas que se pueden denominar cremas batidas, ya que albergan muchos ingredientes diferentes. Por ejemplo están la crema muselina con base de mantequilla, la nata montada, la crema de trufa y otras. Estas cremas se pueden usar como acompañamiento y también para la creación de otras preparaciones de pastelería y bollería por su consistencia suave, ligera y cremosa.

2. Tipos: crema de almendras, crema muselina, crema de moka, crema de trufa, nata montada y otras

Se consideran cremas batidas las que, habiendo sufrido este proceso técnico, dan como resultado cremas con gran volumen, esponjosas y suaves. Las cremas batidas forman parte de un grupo de elaboraciones de pastelería donde la nata es el elemento principal. Acompañada de otros ingredientes, se pueden obtener diferentes sabores y preparados. Estas elaboraciones con nata resultan muy esponjosas o espumosas y se pueden utilizar como postres, cubiertas de tartas y pasteles o como rellenos de tartas, pasteles, bombones, etcétera.

2.1. Crema batida de almendras

La crema batida de almendras se usa para rellenos y decoraciones de tartas, pasteles y también de bizcochos o bollería.

Esta preparación es muy ligera y se obtiene a partir de una mezcla de materia grasa, que puede ser nata o mantequilla, azúcar y almendras en polvo.

Sus ingredientes básicos son la mantequilla, el azúcar, la almendra en polvo y los huevos, aunque también es posible añadir crema pastelera reduciendo en cantidad la mantequilla y parte de los huevos, abaratando el coste de dicha crema. Además, tiene la característica de que se puede hornear después de su elaboración y, si se va a consumir en crudo, es mejor añadir las almendras tostadas para realzar su sabor.

Crema batida de almendras

Sabía que...

Una variedad de crema de almendras es el franchipán, de origen francés, que apareció en un libro de cocina allá por el año 1674.

2.2. Crema muselina

La crema muselina es una crema con base de mantequilla. Es bastante ligera en cuanto a textura, pero, por el contrario, es una preparación bastante calórica y pesada.

Se puede utilizar para rellenos de tartas, pasteles y *petit fours*.

La crema muselina es una crema base de la que se puede obtener (añadiendo sabor, aroma y color) muselina de fresa, de chocolate, de menta, de moka, etcétera.

 **Nota**

El origen de la crema muselina es francés, como gran parte de la repostería clásica.

Se pueden encontrar varias maneras de elaborar la crema muselina, entre las que destacan dos:

- Crema de muselina con base de crema pastelera.
- Crema muselina con base de merengue italiano.

Crema muselina

2.3. Crema batida de moka

La crema de moka recibe su nombre al llevar en su composición café, bien sea líquido o liofilizado. Es tradicionalmente una de las maneras más comunes de hacer cremas con base de café.

La crema de moka es de origen castellano.

Esta crema es una derivada de otras dos cremas base, que son:

- Crema de mantequilla a la que se adiciona de café.
- Crema *chantilly* a la que se adiciona de café o café liofilizado.

La crema de moka se usa para el relleno de tartas, bizcochos, profiteroles, etcétera. También se puede usar como decoración.

Esta crema se compone de mantequilla, azúcar glas, café, yemas de huevo y, opcionalmente, vainilla.

La crema de moka es una crema batida muy usada para decoración de tartas.

2.4. Crema de trufa

Los principales ingredientes de esta crema son la nata y la cobertura negra. De esta crema se pueden hacer dos elaboraciones totalmente diferentes:

- Trufa cruda: es muy fácil de elaborar, pero tiene sus limitaciones. Se usa como relleno de tartas, *mousses,* cubiertas de pasteles, decoraciones, etcétera.

■ Trufa cocida: además de llevar la nata y la cobertura, puede incluir en sus ingredientes mantequilla y azúcar. La trufa cocida se puede utilizar también para interiores de bombones, turrones y trufas.

Trufa de chocolate

 Sabía que...

La trufa cocida se utiliza con la textura que queda después de su elaboración y enfríe. También se puede montar como si de nata se tratase, quedando con una textura similar a la *mousse*.

2.5. Nata montada

La crema *chantilly* (y sus derivados) es una de las cremas que más se utiliza actualmente en pastelería.

No solo se utiliza montada con azúcar, sino que también se emplea para confeccionar otras elaboraciones, como trufas, cremas frías, cocidas o heladas, etcétera.

La nata montada no es más que una crema de nata a la que se le añade aire en su batido, logrando así convertir el líquido en un sólido totalmente manejable, pudiéndolo usar en rellenos de hojaldres, tartas, bizcochos y un sin fin de elaboraciones más.

Nata montada

2.6. Mantequilla batida

Es una crema con base de mantequilla, como su propio nombre indica, y se elabora con la adición de un almíbar a punto de hebra fuerte.

Para confitar cualquier producto, en este caso de pastelería, se cuece lentamente en almíbar. Eso mismo se hace con la mantequilla, elaborándose al batir este producto con un almíbar a punto de hebra fuerte.

Esta crema se usa para rellenos de tartas y pasteles, pero sobre todo para decoración.

Mantequilla batida

2.7. *Mousse*

La *mousse* (o espuma) es una preparación culinaria que tiene su origen en Francia, siendo su materia prima principal la clara de huevo montada a punto de nieve o nata montada, gracias a lo cual tiene esa consistencia tan esponjosa.

Puede ser dulce o salada y pueden dársele muchos sabores diferentes, como la *mousse* de fruta o la *mousse* de chocolate, que son las más comunes.

La *mousse* de chocolate es una elaboración conocida en todo el mundo que se puede tomar sola como postre, como relleno de tartas, etcétera.

Para hacer la *mousse* de chocolate se puede usar chocolate blanco, negro o con leche, y también adicionar con algún tipo de licor para darle gusto.

Copas de mousse de fresa

Para elaborar la *mousse* de fruta se añade a la elaboración base puré de la fruta que se quiera, por ejemplo fresas.

3. Identificación de los ingredientes propios de cada elaboracion. Formulación y secuencia de operaciones

Obtener una elaboración de calidad requiere una formulación exhaustiva de sus ingredientes, así como contar con una metodología precisa. Ten presente que unos mismos ingredientes, dispuestos a distinta temperatura o en orden distinto dan lugar a un producto único.

 Receta

Crema batida de almendras

Ingredientes

- Almendra en polvo 250 g
- Azúcar 250 g
- Mantequilla 250 g
- Huevos 6 u
- Aroma de vainilla C/S

Elaboración

1. Unificar y batir la mantequilla y el polvo de almendras obteniendo una pasta cremosa.
2. Blanquear los huevos junto con el azúcar, para lo que será necesario, batir en un bol de medio punto dicha carga, hasta obtener al menos el doble de su volumen.
3. Añadir si se desea el elemento aromatizante a alguna de las mezclas propiciando su incorporación con ayuda de unas varillas.
4. Sobre la carga blanqueada, ir añadiendo la pasta cremosa de mantequilla y almendra, ayudándonos para ello de una paleta realizando movimientos envolventes que contribuyan a incorporar volumen a la mezcla final.
5. Una vez incorporadas y unificadas las mezclas reservar en frío hasta su uso.

Receta

Crema muselina con base de crema pastelera

<u>Ingredientes</u>

- ⏐ Crema pastelera 1l
- ⏐ Mantequilla 400 g

<u>Elaboración</u>

1. Preparar la crema pastelera.
2. Añadir a la crema recién terminada la mitad de la mantequilla y enfriar la mezcla rápidamente.
3. Colocarla en el bol de la batidora y ponerla en funcionamiento e ir añadiendo poco a poco el resto de la mantequilla.
4. Batir hasta incorporar el resto de mantequilla.
5. Asegurar que la mezcla no sube de temperatura durante el batido, pudiendo apoyarnos en un baño maría negativo.

Receta

Crema muselina con base de merengue italiano

Ingredientes

- Azúcar 1kg
- Agua 3 dl
- Claras de huevo 3 u
- Mantequilla 1500 g

Elaboración

1. Hacer un almíbar de bola floja (con punto de cocción entre 114 y 118 ºC) con el agua y el azúcar.
2. Hacer un merengue italiano con el almíbar realizado previamente y las claras de huevo. Dejar que enfríe.
3. Poner la mantequilla en pomada y añadirla al merengue poco a poco, en pequeñas cantidades.
4. Retirar de la máquina y reservar en refrigeración.
5. Asegurar que la mezcla no sube de temperatura durante el batido, pudiendo apoyarnos en un baño maría negativo.

 **Receta**

Crema de moka

Ingredientes

- ⏐ Mantequilla en pomada 300 g
- ⏐ Azúcar glas 150 g
- ⏐ Yemas de huevo 2 u
- ⏐ Café soluble 30 g

Elaboración

1. En un bol de medio punto incluir la mantequilla en pomada y 100 g de azúcar lustre. Batir hasta incorporar obteniendo una textura cremosa.
2. Mezclar las yemas de huevo con el resto de azúcar lustre, blanqueando la mezcla. Añadir el café soluble. Dejar enfriar para obtener una textura más compacta.
3. Unificar ambas elaboraciones con ayuda de una batidora controlando la temperatura de la mezcla para asegurar la textura untuosa característica.

Receta

Crema de trufa cruda

Ingredientes

- Nata 250 g
- Azúcar glas 60 g
- Cacao en polvo 80 g

Elaboración

1. Disponer la nata junto con el azúcar.
2. Semimontar con ayuda de una varilla.
3. Con ayuda de un tamiz, ir incorporando a la nata semimontada el cacao en polvo, en forma de lluvia.
4. Incorporar el cacao con ayuda de una espátula aplicando movimientos envolventes que propiciarán obtener una textura adecuada.
5. Incorporado todo el cacao asegurar que la textura es correcta, considerando un último batido con la ayuda de varilla.
6. Reservar en frío para su uso.

 Receta

Crema de trufa cocida

Ingredientes

ı Cobertura de chocolate 1 kg
ı Mantequilla 100 g
ı Nata al 35 % M. G.
ı Azúcar 100 g

Elaboración

1. Cocer a punto de marca la nata junto con el azúcar.
2. Dejar reposar hasta obtener una temperatura de entre 55 y 60 ºC.
3. Incluir la mantequilla cortada en dados y el chocolate a la nata.
4. Unificar y dejar reposar en refrigeración hasta que la mezcla tenga una temperatura de 2 ºC.
5. La mezcla obtenida podrá ser utilizada de forma directa, o tras su batido, permitiendo obtener las denominadas "trufas" o una emulsión de chocolate.

 Receta

Nata montada

Ingredientes

ı Nata 35 % M. G. 250 g
ı Azúcar glas 100 g

Elaboración

1. Poner la nata en el bol de la batidora.
2. Empezar a batir hasta que esté tipo crema y añadir la mitad del azúcar.
3. Seguir batiendo un poco más y añadir el resto del azúcar.
4. Continuar batiendo hasta obtener lo consistencia deseada.

 **Receta**

Mantequilla batida

<u>Ingredientes</u>

- Azúcar 1 kg
- Mantequilla en pomada 1 kg
- Agua 3 dl

<u>Elaboración</u>

1. Unificar el agua junto con el azúcar. Cocer hasta obtener un punto de hebra fuerte (de 110 a 114 ºC).
2. Poner la mantequilla en un bol de medio punto y con ayuda de pala en primer momento y varilla en segundo lugar, batir.
3. A la mantequilla batida incorporar en forma de hilo y moviendo con varilla el almíbar de hebra fuerte, observando la textura y temperatura adquirida, valorando la necesidad de incorporar un baño maría negativo para facilitar la emulsión.
4. Obtenida la textura deseada, conservar en cámara de refrigeración.

Receta

Mousse de chocolate

<u>Ingredientes</u>

- Chocolate al 70 % 300 g
- Claras de huevo 6 u
- Azúcar 150 g
- Nata al 35 % M. G. 200 ml
- Hoja de gelatina 6 g

<u>Elaboración</u>

1. Semimontar la nata.
2. En otro recipiente, montar las claras de huevo junto con el azúcar a punto de nieve.
3. Mezclar las claras montadas con la nata montada muy suavemente, para que no baje, con ayuda de una lengüeta.
4. Fundir el chocolate al baño maría y dejar atemperar hasta los 45 ºC.
5. Hidratar las hojas de gelatina en agua fría.
6. Sobre la mezcla de nata y claras de huevo y mezclar el chocolate moviendo con ayuda de una paleta de forma envolvente.
7. Calentar la gelatina hidratada en un poco de nata o leche e incorporar a la mezcla anterior obtenida.
8. Reservar en refrigeración para que la gelatina muestre sus propiedades dando cuerpo y consistencia a la elaboración.

Receta

Mousse de fresa

Ingredientes

- Fresa 500 g
- Huevos 6 u
- Azúcar 100 g
- Nata 35 % M. G. 200 g
- Gelatina 15 g

Elaboración

1. Limpiar y trocear las fresas, pasándolas a continuación por un triturador.
2. Batir al baño maría tres huevos junto con las fresas y el azúcar hasta obtener un batido cremoso.
3. Disolver los 15 g de gelatina y añadir al batido anterior.
4. Blanquear los tres huevos restantes y semimontar la nata.
5. Unificar ambas emulsiones y añadir, con movimientos envolventes, la pasta base de fresas.
6. Dejar reposar en cámara frigorífica para que la gelatina haga efecto.

4. Determinación del punto de montaje, batido y consistencia de cada crema y análisis de las anomalías y defectos más frecuentes. Posibles correcciones

El porcentaje en grasa, azúcares o elementos gelificantes de una elaboración facilitarán texturas propias y características en el producto final. Conocer dichas características permite obtener los mejores resultados, minimizando a su vez los errores. Conocer dichas anomalías y defectos permiten afrontarlos y proponer posibles correcciones.

4.1. Crema de almendras

Siendo una crema batida, hay que tener en consideración algunos aspectos que, llevados a cabo, den como resultado una exitosa elaboración, evitando anomalías o defectos. Los más importantes son los siguientes:

- La mantequilla utilizada debe estar previamente atemperada, teniendo una textura de pomada, consiguiendo así una emulsión más fina.
- Los huevos utilizados en la elaboración deben tener una baja temperatura, para facilitar su integración en la crema.
- Para aromatizar la crema, se deberá esperar hasta el último momento, evitando que el aroma pueda evaporarse.
- Para su uso es conveniente un previo atemperado, pues la mantequilla hará que tenga una textura más uniforme. En caso de obtener una crema grumosa, dejar atemperar, intentando realizar un nuevo batido.

4.2. Crema muselina

Como se ha indicado, la crema muselina puede obtenerse a partir de dos bases (crema pastelera, merengue italiano) mostrando propiedades distintas y por tanto, posibles incidencias en su desarrollo.

Crema muselina con base de crema pastelera

Esta es una crema muy ligera y espumosa en cuanto a consistencia y textura. Esto se debe al batido de la mezcla de mantequilla y de la crema pastelera.

Para una correcta elaboración, se tendrán que considerar los siguientes factores:

- La mantequilla a utilizar debe estar previamente en textura de pomada.
- A la hora de añadir algún aroma hay que hacerlo justo al final de la elaboración, para no perder el sabor mientras se trabaja.
- Es aconsejable que todas las cremas elaboradas con mantequilla se usen inmediatamente después de su elaboración para evitar que se endurezcan.

Nota

Para conseguir una textura ideal de la crema, a la hora de unificar mantequilla y crema pastelera, estas deberán estar atemperadas, consiguiendo una unificación perfecta y evitando grumos.

Crema muselina con base de merengue italiano

Al igual que la crema muselina con base de crema pastelera, esta mezcla es muy ligera y esponjosa.

Esta crema es de elaboración sencilla, pero delicada, por lo que hay que cuidar bastante el proceso. Para ello, se deben tener en cuenta los siguientes factores:

- Para la realización del merengue italiano hay que realizar un almíbar a punto de hebra fuerte con el agua y el azúcar.
- Las claras a montar deben estar limpias y bien emulsionadas antes de añadir el almíbar.
- A la hora de añadir la mantequilla, hay que hacerlo poco a poco y en pomada para que resulte una crema homogénea y espesa.

Cuando se llega al punto de mezclar la mantequilla con el merengue puede parecer que se corta, pero hay que continuar batiendo hasta que los ingredientes se incluyan todos dentro de la mezcla.

4.3. Crema de moka

La elaboración de la crema de moka es muy similar a la de la crema muselina.

La consistencia de esta crema es bastante compacta.

Cuando se mezcla la mantequilla con el resto de ingredientes en la batidora, la crema tendrá una textura de mantequilla en pomada que cuando reservemos en el frío endurecerá.

El fallo que puede darse a la hora de la elaboración de la crema de moka es no mezclar bien todos los ingredientes. Para evitar esto hay que añadir paso a paso cada una de las materias primas.

 Consejo

Conviene poner el café justo antes de terminar la preparación para que mezcle un poco, evitando la aparición de trazas, que pueden hacer fracasar la preparación posterior.

4.4. Crema de trufa

La realización de la crema de trufa atiende en base a sus ingredientes a distintas técnicas de ejecución.

Crema de trufa cruda

Es muy importante a la hora de realizar la trufa cruda, mezclar la nata con el chocolate muy rápidamente para evitar que la cobertura, con el frío de la nata, se enfríe en el fondo del recipiente, impidiendo que se mezcle con el total de la nata.

Para conseguir una trufa cruda óptima, hay que diferenciar las temperaturas de ambos ingredientes:

- La nata muy fría
- El chocolate templado

Si no se tiene en cuenta esto, la trufa puede cortarse, lo que no tendrá solución alguna.

Su consistencia terminada es bastante esponjosa.

Crema de trufa cocida

En esta crema de trufa la mantequilla tiene su función concreta y es refinar la elaboración. Así, cuando la trufa está fría y se quiera cortar, saldrá un corte limpio sin que se rompa en trozos, como si cortáramos un bloque de mantequilla.

La elaboración de esta trufa debe hacerse el día anterior a su utilización, ya que tiene que tener un reposo mínimo de 12 horas, realzando también su sabor.

 Sabía que...

La trufa cocida también es conocida como ganache, que es el nombre de trufa en francés.

Se puede añadir algún tipo de licor o alcohol y así se prolonga su duración.

La consistencia de esta crema en caliente es líquida, pero cuando se enfría endurece bastante. Cuanta más cobertura tenga, mayor será su consistencia.

Para batir la trufa no hace falta hacerlo con la batidora, sino que se puede hacer con la varilla a mano, eso sí, mezclando muy bien hasta que la masa quede homogénea.

La trufa cocida se puede usar respetando su textura original o se puede montar como si de nata se tratase, quedando con una textura mucho más esponjosa, de manera que podría usarse para rellenar o cubrir tartas.

Si se usa con su textura original se pueden elaborar las bolitas de trufa, teniendo solo que embolar la mezcla y pasarla por cacao en polvo, azúcar glas, granillo de almendras, etcétera.

4.5. Nata montada

Para hacer nata montada, esta tiene que tener, como mínimo, un 35 % de grasa, ya que es la responsable de que la nata emulsione.

 Nota

El calor no permite que monte la nata.

Cuando se termine de emulsionar, tiene que tener el doble del volumen que la nata original.

Puede suceder que se nos pase el batido y entonces tomará un color amarillento convirtiéndose en mantequilla.

Normalmente, para montar la nata se usa una batidora eléctrica con varillas, aunque también es posible hacerlo a mano con cierta dificultad.

 Consejo

La nata cortada puede reutilizarse para hacer trufas, cociéndola y añadiéndole chocolate.

Es muy importante que tanto la nata como el bol donde se vaya a montar estén muy fríos, entre 3 y 5 ℃.

Para saber qué consistencia es la correcta, cuando las varillas de la batidora dejen un dibujo bien pronunciado en la nata, esta estará correctamente montada.

El único defecto de esta preparación es que se pase de batido, cortándose y obteniéndose por un lado mantequilla y por otro suero lácteo.

4.6. Crema de mantequilla batida

La crema de mantequilla es una elaboración muy fácil y sencilla, tan solo hay que mezclar muy bien el almíbar con la mantequilla.

La consistencia debe ser suave, similar a la propia mantequilla en pomada, y la mezcla quedar esponjosa.

El único problema puede venir dado en la realización del punto del almíbar, que quedará solucionado con la ayuda de un instrumento de medida (termómetro).

4.7. *Mousse*

La textura de la *mousse* se debe a las claras montadas a punto de nieve y a la nata montada.

Para un correcto resultado se deberá hacer lo siguiente:

- Mezclar muy suavemente las claras montadas con la nata, para que la mezcla no baje.
- Al añadir el chocolate, hay que dejarlo atemperar un poco, ya que si se añade caliente la mezcla espumosa que se consigue de la nata montada y las claras a punto de nieve se bajará, quedando una *mousse* compacta y sin burbujas.

Como ya se conoce el punto de montaje de la nata y de las claras de huevo, no hay que tener ningún problema a la hora de preparar cualquier tipo de *mousse*, ya que solo hay que tratarla con mucha suavidad.

 Consejo

Debido al contenido en huevo en algunas de estas elaboraciones, es necesario el uso de ovoproductos o bien, un previo blanqueamiento de estos.

5. Conservación y normas de higiene

La materia prima principal de las cremas batidas son los productos lácteos. Estos productos poseen diferentes necesidades de conservación, deben ser guardados en frío, deben mantener la cadena de frío hasta el momento de su utilización para realizar las diferentes cremas y, por supuesto, también después de la elaboración.

 Consejo

Conviene tener un lugar específico en la cámara de refrigeración para productos lácteos y otro para productos elaborados.

Hay que vigilar muy bien, por tanto, las temperaturas a las que se almacenan. La temperatura adecuada para los productos lácteos es de 2 a 4 °C y la misma para las elaboraciones terminadas.

La nata debe de estar pasteurizada y, una vez abierto su embalaje, su duración refrigerada será de unos 4 días.

Las cremas batidas, por lo general, son bastante delicadas por su composición y hay que conservarlas siempre en frío.

6. Identificación de los productos adecuados para cada tipo de crema

No todos los productos, aún de la misma especie o tipo, muestran las mismas características organolépticas. Factores como la temporalidad, maduración, tratamiento al que son sometidos, etc. facilitarán características propias, que deben ser conocidas y tenidas en cuenta para obtener un producto final de calidad.

6.1. Crema de almendras

Las especificidades de los ingredientes que lo integran deben mostrar las siguientes características.

Almendras

Para la crema de almendras, estas las usamos en polvo.

Destaca su composición en proteínas (20 %), fibra (14 %) y grasa (53 %), teniendo también componentes minerales (magnesio, hierro y potasio).

La almendra es un alimento imprescindible en todos los obradores ya que, además de en polvo, sus características permiten su comercialización en distintos formatos como granillo, laminada, en tiras, pasta..., lo que facilita preparaciones, siendo un ejemplo característico la almendra en granillo caramelizada.

Distintas comercializaciones de la almendra

Azúcar

El azúcar recomendado para esta receta es el azúcar granillo, por su fácil disolución. Como ya hemos visto en anteriores recetas, este azúcar se disuelve con gran facilidad, tanto en las masas líquidas como en ciertas grasas, endulzando a su vez más que cualquier otro.

Mantequilla

Para la realización de esta crema, la mantequilla habrá que añadirla en pomada, ya que así dará mucha más cremosidad a la elaboración. Al igual que con las demás elaboraciones que utilizan la mantequilla como elemento principal, se deberá utilizar mantequilla de primera calidad.

Huevos

La elaboración requiere usar huevo entero, con clara y yema.

Los huevos son un ingrediente importante en la composición de casi todos los productos de bollería y pastelería.

El tipo de huevo a usar es el pasteurizado, ya que así se asegura la calidad sanitaria del producto final, evitando riesgos de intoxicación.

  Importante

La frescura del huevo es fundamental, pudiéndose comprobar mediante su inversión en agua o tras su cascado, observándose en este último caso cómo la yema es abombada y la clara es compacta, no expandiéndose en exceso.

6.2. Crema muselina

Las especificidades de los ingredientes que lo integran deben mostrar las siguientes características.

Azúcar

El azúcar a usar para la crema muselina debe ser disuelto en agua. Por ello, se recomienda el uso de azúcar en granillo, que es de fácil disolución.

Huevos

Concretamente, en esta preparación será necesario el empleo de las claras para el merengue italiano. Para asegurar la salubridad de la elaboración, se usará clara pasteurizada, que, transmitiendo unas peculiaridades similares, evitará riesgos de contaminación.

Mantequilla

Como ya se ha dicho, siempre se deberá usar mantequilla de primera calidad, pues transmitirá los matices buscados en la elaboración.

 Nota

La utilización de margarinas vegetales transmite texturas similares, pero mermará el sabor final y con ello la calidad del producto.

6.3. Crema de moka

Las especificidades de los ingredientes que lo integran deben mostrar las siguientes características.

Mantequilla

La mantequilla se usa aquí también en pomada. La calidad de ésta o su sabor no es tan importante, pues se aromatizará en este caso con café. Por tanto, en esta elaboración será posible el uso de margarinas para reducir costos.

Azúcar

El azúcar empleado para elaborar la crema de moka es el azúcar glas o en polvo, ya que la crema se realiza totalmente en crudo y no da lugar a que se disuelva el azúcar.

Nota

Este azúcar no endulza tanto como el azúcar granillo, por lo que se deberá tener en cuenta a la hora de formular la receta.

Yemas

Para la crema de moka se usarán exclusivamente las yemas de huevo, que transmitirán cremosidad a la mezcla. Se utilizará yema pasteurizada, pues esta crema no necesita tratamiento térmico, con lo que se deben evitar riesgos de infección.

Café soluble

El café para esta crema debe ser soluble, ya que así mezclará mejor en la elaboración.

Con una pequeña cantidad será suficiente para darle el sabor justo a café que, gracias a la técnica de liofilización, mantendrá intactas sus características de aroma y sabor.

Este ingrediente es el más característico de la crema de moka, siendo indispensable.

Café soluble

6.4. Crema de trufa

En este apartado será necesario diferenciar entre la crema de trufa cruda y la crema de trufa cocida.

Trufa cruda

Las especificidades de los ingredientes que lo integran deben mostrar las siguientes características.

Nata

La nata en esta elaboración es primordial, ya que da toda la cremosidad a la textura de la trufa.

Se debe usar nata con un mínimo de 35 % en materia grasa, ya que se va a usar montada y tiene que estar refrigerada.

Azúcar

El azúcar debe ser en polvo o glas, ya que así se diluye mejor al montar la nata.

Cobertura de chocolate

Este es un producto muy importante en pastelería, caracterizando la preparación citada.

Hay tres clases de cobertura de chocolate:

- Cobertura negra
- Cobertura con leche
- Cobertura blanca

Se podrá emplear indistintamente una u otra, respetando siempre las cantidades de elaboración que caracterizan la preparación.

Nota

La cobertura de chocolate tiene un alto contenido de cacao, que transmitirá a la elaboración brillo y textura, siempre que su atemperado sea el correcto.

Trufa cocida

Las especificidades de los ingredientes que integran este tipo de crema deben mostrar las siguientes características.

Azúcar

Se usa azúcar granillo. En este caso, al cocer la nata, el azúcar se disuelve mejor.

Mantequilla

La calidad de la mantequilla viene dada por la leche de procedencia, por el porcentaje de materia grasa y por la humedad. Tiene que tener un mínimo de 84 % de grasa y un 16 % de humedad.

Nota

La mantequilla puede ser salada o sin sal, empleándose normalmente en pastelería sin sal.

Nata

La nata se encuentra en el mercado:

▪ Pasteurizada
▪ Tratada UHT

En pastelería es obligatorio emplear una de estas dos natas. Su contenido graso mínimo debe ser del 35 %, lo que transmitirá cremosidad a la preparación.

Cobertura de chocolate

La cobertura es uno de los productos más versátiles dentro de la repostería, ya que permite realizar infinidad de elaboraciones, pudiéndose someter a distintos tratamientos para obtener, por ejemplo, cremas, rellenos, bombones, helados, etcétera.

6.5. Nata montada

Las especificidades de los ingredientes que integran esta elaboración deben mostrar las siguientes características.

Nata

Según su contenido en grasa, la nata se puede dividir en:

▪ Crema doble, con un mínimo del 45 % de contenido en grasa.
▪ Nata, con un mínimo del 35 % de contenido en grasa.
▪ Media nata o nata culinaria, con un mínimo del 18 % de contenido en grasa.

Para hacer nata montada se emplea la que tiene un mínimo del 35 % de materia grasa.

Azúcar

Para montar nata se puede usar tanto azúcar glas como azúcar granillo, pero es más recomendable el azúcar glas, ya que disuelve mejor en las preparaciones en frío.

 Nota

Por cada 250 g de nata se usarán 50 g de azúcar.

6.6. Mantequilla batida

Las especificidades de los ingredientes que integran esta elaboración deben mostrar las siguientes características.

Mantequilla

La mantequilla es el producto obtenido de la leche de la vaca por medios mecánicos. Su punto de fusión se encuentra entre los 30 y los 36 ºC. Para la elaboración de la mantequilla batida se emplea ésta con un mínimo de 85 % de materia grasa.

Azúcar

El azúcar para la mantequilla batida se tiene que convertir en jarabe con la ayuda de un poco de agua, usando azúcar granillo.

El jarabe se tiene que elevar a punto de hebra fuerte (110-114 ºC).

6.7. *Mousse* de chocolate

Las especificidades de los ingredientes que integran esta elaboración deben mostrar las siguientes características.

Cobertura de chocolate con leche

La cobertura de chocolate con leche no es más que cobertura negra adicionada con leche, normalmente en polvo.

Claras de huevo

La clara de huevo está considerada como uno de los coagulantes naturales más efectivos. Se debe usar clara de huevo pasteurizada y esterilizada.

Las claras hay que montarlas a punto de nieve mezcladas con el azúcar.

Azúcar

El azúcar empleado es granillo, ya que se disuelve a lo largo de la elaboración.

Nata

Usamos nata con un mínimo del 35 % de materia grasa para poder montarla y, por supuesto, pasteurizada.

 Aplicación práctica

Trabajando en un restaurante, en la partida de los postres, el *maître* le dice que hay un cliente muy importante que pidió una *mousse* de chocolate negro que no hay en la carta, por lo que no la tiene preparada. ¿Cómo la elaboraría rápidamente?

Continúa en página siguiente >>

<< Viene de página anterior

SOLUCIÓN

Tendría que montar nata, en la proporción de 1 litro de nata por 150 g de azúcar.

Por otro lado, atemperar unos 200 g de chocolate negro y mezclarlo cuidadosamente con la nata montada.

Servir en una copa bien fría, que ayudará a dar cuerpo a la *mousse* realizada.

Se puede decorar con siropes, galletas, gotas de chocolate, cacao en polvo, etcétera.

7. Resumen

Poco a poco se van conociendo los ingredientes y las principales cremas para realizar los rellenos más usados en pastelería.

Este capítulo se ha centrado en las cremas batidas, que pueden ser utilizadas como base para otras elaboraciones más complejas. Estas cremas, cuya base principal es la nata o las claras de huevo, son batidas porque se les incorpora aire para que doblen su volumen, quedando de esta forma con una textura y consistencia muy esponjosa, suave, ligera y cremosa.

Después de ver el origen, los ingredientes, la elaboración y la conservación de las diferentes cremas batidas, solo hay que ponerse manos a la obra y empezar a trabajar con ellas.

Ejercicios de repaso y autoevaluación

1. ¿Que mezcla contiene la crema de almendras?

a. Materia grasa, azúcar y almendras en polvo.
b. Agua, azúcar y almendras en polvo.
c. Leche, azúcar y almendras en polvo.

2. ¿Cómo se denomina también a la crema de almendras?

a. Americana
b. Franchipán
c. Culis

3. ¿Cuál es el ingrediente característico de la crema de moka?

a. Chocolate
b. Fresas
c. Café

4. ¿Qué dos tipos de crema muselina se pueden señalar?

a. Crema muselina con base de crema pastelera o con base de merengue italiano.
b. Crema muselina con base de *chantilly* o con base de *mousse*.
c. Crema muselina con base de mantequilla o con base de nata.

5. ¿Con cuál de las elaboraciones de crema de trufa se pueden hacer las famosas bolitas de trufa?

a. Trufa cocida
b. Trufa cruda
c. Las dos

6. ¿Qué ingredientes contiene la mantequilla batida?

a. Azúcar, leche y mantequilla
b. Azúcar, mantequilla y agua
c. Azúcar, nata y mantequilla

7. ¿Cómo tienen que estar la nata y el chocolate para la elaboración de la trufa cruda?

    a. La nata templada y el chocolate frío.
    b. La nata caliente y el chocolate caliente.
    c. La nata fría y el chocolate atemperado.

8. ¿A qué se debe la textura de la *mousse*?

    a. A las claras montadas a punto de nieve y a la nata montada.
    b. A la nata líquida con las claras montadas a punto de nieve.
    c. A las claras y la nata mezcladas líquidas.

9. ¿Qué azúcar es la indicada para montar nata?

    a. Azúcar glas
    b. Azúcar granillo
    c. Azúcar moreno

10. ¿Qué parte del huevo se emplea en la elaboración de la crema muselina con base de merengue italiano?

    a. La yema
    b. La clara
    c. El huevo entero

Capítulo 3

Proceso de elaboración de cremas ligeras

Contenido

1. Introducción
2. Tipos: *chantilly, fondant* y otras
3. Identificación de los ingredientes propios de cada elaboración. Formulación de las elaboraciones y secuencia de operaciones
4. Determinación del punto de montaje, batido y consistencia de cada crema y análisis de las anomalías y defectos más frecuentes. Posibles correcciones
5. Conservación y normas de higiene
6. Identificación de los productos adecuados para cada tipo de crema
7. Resumen

1. Introducción

Explicadas las cremas de huevo y las cremas batidas, a continuación se presentarán las cremas ligeras, elaboraciones que introducen ambas texturas, creando nuevas sensaciones que pueden o no recordar a las anteriores.

Estas elaboraciones se distinguen por presentar una ligereza extrema, ya sea por su esponjosidad o por su ligereza en boca, producida por la textura aireada o fundente que aportan sus ingredientes.

Estas cremas son muy delicadas y se debe tener especial cuidado a la hora de integrarlas, pues hay que recordar que cada elaboración puede tener una temperatura o textura distintas.

Entre estas cremas destacan la crema *chantilly* y el *fondant*, pudiendo incluirse además la crema *chiboust*, diplomática y *bavaroise,* sin olvidar los diferentes tipos de merengue.

2. Tipos: *chantilly, fondant* y otras

Dentro de las cremas ligeras es posible diferenciar la crema *chantilly*, el *fondant,* la crema *choboust,* diplomática y *bavaroise,* así como un amplio abanico de merengues.

Todas estas elaboraciones muestran texturas finas, fundentes, ligeras e incluso aireadas, en alguno de los casos.

2.1. Crema *chantilly*

La crema *chantilly* es una crema con base de nata montada, básica en repostería.

Esta crema es muy ligera y sabrosa y se obtiene de la mezcla de nata, azúcar y vainilla.

El origen de esta crema, como su nombre indica, viene de la ciudad de *Chantilly* (Francia) y su receta se debe a François Vatel, que vivió en el siglo XVII. Con el tiempo, la crema *chantilly* se ha ido extendiendo por toda Europa e incluso por países latinoamericanos. En Alemania la encontramos, por ejemplo, sin azucarar.

En pastelería, esta crema es más usada para decoración. Puede ser aromatizada con distintos ingredientes, siendo característico el uso de la vainilla. A su vez, las características de la nata hacen que sea posible aromatizarla con licores, cacao en polvo, especias, etc. aportando un sinfín de variedades en cuanto a sabor, color...

Textura de nata chantilly escudillada con boquilla rizada

 Nota

Es posible colorearla y servirá para infinidad de decoraciones.

2.2. *Fondant*

El *fondant* es una preparación con base de agua, azúcar y glucosa. Tiene una textura bastante pastosa y es de color blanco, obtenida por la mezcla del azúcar, del agua y de la glucosa llevados a una temperatura de entre 114 y 118 °C (bola floja).

 Sabía que...

La palabra *fondant* viene del francés y significa "que se funde". También es conocido como pasta americana.

Se usa mucho en pastelería para cubrir tartas, pasteles, como relleno de bombones, etcétera, aunque en la mayoría de los casos el *fondant* se usa como decoración.

El origen de esta preparación se remonta al Renacimiento. Como el azúcar era muy caro, lo rebajaban con almendras y así elaboraban una pasta para la decoración de las tartas. Su textura es muy elástica y por ello tiene la ventaja de ser muy fácil de modelar, pudiéndosele dar la forma de cualquier cosa.

Se emplea no solo para decorar tartas convencionales, sino que se puede usar también como decoración de magdalenas o *cupcakes,* galletas, modelar figuritas, etcétera.

Tarta cubierta de fondant y decorada con esta técnica

2.3. Crema *chiboust*

También llamada Saint-Honoré, debido al pastelero francés que la creó. Es una exquisita preparación que se elabora a partir de crema pastelera mezclada con merengue italiano, obteniendo una textura parecida a la de la *mousse.*

Esta crema se emplea para hacer tartas con base de bizcocho o galletas, para rellenar profiteroles, acompañar algún postre de fruta fresca, etcétera.

La preparación de la crema chiboust se lleva a cabo en varios pasos: por un lado se elabora la crema pastelera y por otro el merengue italiano. A su vez, es posible la sustitución de este último producto (merengue italiano), por nata montada, viéndose en algunas de las formulas usadas tradicionalmente.

Tarta de manzana con crema chiboust y gelatina de miel

2.4. Crema diplomática

Esta es una elaboración muy especial y clásica, ya que se elabora con dos básicas de la pastelería, crema pastelera y crema *chantilly*.

Se usa para relleno de tartas, pero también se puede comer sola, eso sí, muy fría o como acompañamiento de otros postres.

La crema diplomática está dentro del grupo de cremas ligeras.

Presenta una textura cremosa y ligera que recuerda levemente a la vainilla, pues este aroma está integrado en sus ingredientes.

La proporción de crema pastelera y *chantilly* es variable, dependiendo tanto del gusto que se pretenda conseguir como de la textura perseguida.

Color y textura de crema diplomática normalizada

Nota

Para que esta crema obtenga más cuerpo, pudiendo ser utilizada como relleno de tartas, se puede adicionar de gelatina neutra.

2.5. Crema *bavaroise*

También denominada como crema bávara. Su origen está entre Suiza y Francia y su nombre se le dio en el siglo XIX por Baviera.

Esta crema es una elaboración que se toma en frío y lleva por lo general gelatina, crema inglesa y nata montada.

Normalmente la *bavaroise* se prepara con una base de fruta, partiendo de un puré. No obstante, puede incluir otros elementos aromatizantes como el café los frutos secos, licores, etc., dándole el nombre característico.

Recuerde

La bavaroise también se puede realizar de café, de almendra, de crema, etcétera.

La textura de esta crema es bastante esponjosa, al llevar como ingrediente principal nata montada y un poco de gelatina.

Esta es una preparación sencilla, formando parte de semifríos, *charlottes,* etcétera.

Bavaroise de frambuesas

2.6. Merengue

El merengue se puede incluir en este grupo de cremas ligeras y es básico para realizar otras preparaciones.

El merengue es una elaboración muy ligera preparada con claras de huevo y azúcar. Las proporciones de sus ingredientes dependerán de para qué se vaya a usar y del tipo de merengue que se quiera realizar.

Su elaboración consiste en incorporar aire a las claras de huevo, con la técnica del batido, hasta tener una masa muy esponjosa y ligera, por lo que se dice que el merengue es la madre de las cremas ligeras.

Para asegurar la calidad higiénica del merengue, es requerido el uso de clara de huevo pasteurizada.

Por lo general, los merengues tienen buena conservación siempre que estén en un lugar fresco y seco.

Podemos encontrar varias clases de merengue, dependiendo de su elaboración:

- Merengue francés
- Merengue suizo
- Merengue italiano

 Sabía que...

Las primeras elaboraciones de merengue se hicieron a principios del siglo XVII.

Merengue francés

Este merengue consiste en batir las claras de huevo a punto de nieve y añadir después el azúcar. Es la más delicada y a la vez la más sencilla de las tres preparaciones.

Se puede hornear a una temperatura suave, entre 80 y 120 °C sin vapor, quedando muy ligero y tierno al paladar.

Antiguamente, el merengue se comía a media tarde como merienda. Era un alimento barato y fácil de elaborar.

Se usa, en pastelería, para decoración y para base de diferentes tartas y preparaciones. Se puede colorear con colorante alimentario o con cacao en polvo.

Para hornearlo, hay que escudillarlo sobre una bandeja con papel antiadherente y hornearlo.

Merengue francés escudillado y horneado

 Definición

Escudillar
Formar piezas o figuras con manga y boquilla, generalmente para hornear. Este término es aplicable a muchas otras elaboraciones.

Merengue suizo

Se prepara en caliente y tiene dos fases: una primera en la cual se atemperan las claras con el azúcar a baja temperatura (50 ºC) y una segunda fase en la cual se monta la mezcla para obtener una masa ligera y firme. También se puede montar al baño maría para asegurar que la temperatura no suba más de los grados deseados.

Asimismo, se puede cocer al horno. Una vez elaborado, se escudilla con una manga pastelera sobre una bandeja de horno y se cuece a unos 140 ºC.

Se emplea también para realizar motivos decorativos, para elaborar *petit fours,* etcétera.

Cupcake de limón con merengue suizo

 Nota

Por su cocinado, el merengue suizo es más firme que el merengue francés y más brillante que el italiano.

Merengue italiano

Para realizar este merengue se usa un almíbar a punto de bola floja (114-118 °C).

Su resultado final es más duro y brillante que el merengue francés.

Se utiliza para realizar múltiples preparaciones aireadas, como *mousses,* suflés y otras preparaciones destinadas a la decoración. Esta es la elaboración de merengue más complicada, necesitando un dominio perfecto de los puntos de azúcar, ya que el almíbar determinará el éxito de la preparación.

El almíbar se añade sobre las claras de huevo ya montadas, después se sigue batiendo hasta que la mezcla enfríe. Al estar el almíbar caliente cuece un poco las claras y el resultado es un merengue más brillante y duro.

Tartaleta decorada con merengue italiano

 Nota

El merengue italiano también se puede hornear a muy baja temperatura, consiguiendo una textura crujiente en su exterior.

3. Identificación de los ingredientes propios de cada elaboración. Formulación de las elaboraciones y secuencia de operaciones

El azúcar y la clara de huevo son dos de los principales ingredientes utilizados en la elaboración de cremas ligeras. No obstante, la variedad de fórmulas existentes hacen integrar otros muchos ingredientes, como por ejemplo la nata o la gelatina, los distintos azúcares y almíbares, aditivos colorantes, etc. así como otras elaboraciones, entre las que se pueden citar la crema pastelera o los purés de frutas.

 Receta

Crema *chantilly*

<u>Ingredientes</u>

- | Nata 1 l
- | Punta de vainilla natural
- | Claras de huevo 15 u
- | Azúcar a punto de hebra fuerte 300 g

<u>Elaboración</u>

1. Elaborar el almíbar con el azúcar y un poco de agua hasta llegar al punto de hebra fuerte.
2. Montar las claras y añadir el almíbar poco a poco.
3. Continuar batiendo las claras con el almíbar hasta que esté totalmente frío, obteniendo así un merengue italiano.
4. Aparte, montar la nata con la punta de vainilla.
5. Mezclar el merengue italiano con la nata montada con una espátula, de forma envolvente.
6. Mover hasta que no aparezcan trazas.

Receta

Fondant

<u>Ingredientes</u>

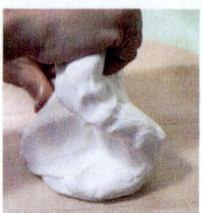

- Azúcar 300 g
- Agua 100 g
- Glucosa 50 g

<u>Elaboración</u>

1. Poner en un cazo el azúcar y el agua.
2. Añadir la glucosa.
3. Hacer un almíbar con la mezcla y llevarlo a 110-112 ºC.
4. Volcar la preparación sobre mármol limpio.
5. Remover con una espátula hasta que la preparación baje de temperatura.
6. Trabajar con las manos hasta que obtenga un color blanco.

Receta

Crema *chiboust*

<u>Ingredientes</u>

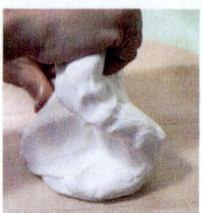

- Azúcar 300 g, agua 50 g
- Claras de huevo 4 u
- Crema pastelera 250 g

<u>Elaboración</u>

1. Batir las claras a punto de nieve.
2. Hacer un almíbar a punto de bola floja (114-118 ºC).
3. Añadir el almíbar lentamente a las claras batidas y batir hasta que enfríe el merengue.
4. A este merengue se le añade la crema pastelera y se bate lentamente hasta integrarla totalmente.

Receta

Crema diplomática

<u>Ingredientes</u>

- Crema pastelera 500 g
- Crema *chantilly* 500 g

<u>Elaboración</u>

1. Se preparan ambas elaboraciones por separado.
2. Se deja enfriar la crema pastelera y pudiendo ser turbinada en aquellos casos en los que la crema tenga mucho cuerpo, a fin de evitar la proliferación de posibles grumos.
3. Disponiendo la crema *chantilly* en un bol de medio punto, se irá incorporando poco a poco la crema pastelera (siempre fría 2-4 ºC) llevando a cabo movimientos envolventes con ayuda de una paleta o lengua.
4. Mezclar hasta obtener una textura homogénea y emulsionada.
5. Reservar en refrigeración hasta momento de uso.

Receta

Bavaroise de crema

<u>Ingredientes</u>

- Leche 1 l
- Yemas de huevo 15 u
- Hojas de gelatina 30 g
- Azúcar 500 g
- Nata 35 % M. G. 1.5 l

<u>Elaboración</u>

1. Hacer una crema inglesa con la leche, el azúcar y las yemas. Se puede añadir canela en rama para darle sabor.
2. Fundir las hojas de gelatina hidratadas en la crema inglesa caliente.
3. Montar la nata.
4. Añadir la crema inglesa encima de la nata montada moviendo poco a poco la mezcla, utilizando una espátula o lengua de pastelería.
5. Poner la crema en moldes y dejar enfriar o congelar.
6. En caso de congelar, sacar del congelador 2 horas antes de servir para consumo.

Receta

Bavaroise de fruta (frambuesa)

Ingredientes

- Pulpa de frambuesa 200 g
- Clara de huevo 200 g
- Gelatina 15 g
- Azúcar 200 g
- Nata 570 g

Elaboración

1. Hidratar la gelatina en agua fría.
2. Semimontar la nata junto con 100 g de azúcar.
3. Montar las claras con el resto de azúcar (100 g).
4. Calentar 30 g de pulpa de frambuesa y disolver la gelatina, añadiendo el resto de pulpa de frambuesa.
5. Unificar el merengue junto con la nata de forma envolvente y mezclar esta con la pulpa de fruta, intentando que la emulsión no baje y que además no aparezcan trazas en la mezcla.

Receta

Merengue suizo

<u>Ingredientes</u>

- Azúcar 300 g
- Claras de huevo 150 g

<u>Elaboración</u>

1. En un bol mezclar ambos ingredientes y poner al baño maría.
2. Batir hasta que el azúcar se haya disuelto.
3. Sacar del fuego y poner en la batidora para montarlo.
4. Montar hasta que quede una mezcla consistente y firme.

 Receta

Merengue italiano

<u>Ingredientes</u>

- Agua 100 g
- Azúcar 240 g
- Claras de huevo 4 u

<u>Elaboración</u>

1. Colocar el azúcar y el agua en un cazo y poner a calentar.
2. Llevar el almíbar de bola floja a 118 ºC y estará listo.
3. Empezar a batir las claras hasta que estén firmes.
4. Verter el almíbar en forma de hilo sobre las claras, sin dejar de batir.
5. Continuar batiendo hasta que el merengue se enfríe.

Receta

Merengue francés

Ingredientes

| Claras 150 g
| Azúcar glas 150 g

Elaboración

1. Batir las claras con la batidora eléctrica o varilla hasta que espumen.
2. Incorporar el azúcar glas en forma de lluvia y seguir batiendo hasta lograr un merengue firme.

4. Determinación del punto de montaje, batido y consistencia de cada crema y análisis de las anomalías y defectos más frecuentes. Posibles correcciones

Las cremas ligeras son algo más complicadas de elaborar que el resto. A continuación, se expondrán los posibles incisos durante la elaboración y sus posibles soluciones.

4.1. Crema *chantilly*

Los criterios a considerar para obtener una crema *chantilly* son:

■ Utilizar nata con un 35 % de contenido graso mínimo.
■ Las claras utilizadas deben estar totalmente limpias, libres de restos de yema.
■ No pasar el punto de emulsión de la nata, pues al unirla con el merengue corre el riesgo de cortarse.

- Se recomienda añadir los aromatizantes y colorantes a la nata antes de ser montada, así como añadir el azúcar en el primer momento, dando tiempo a que esta se disuelva en su totalidad.
- Los utensilios a utilizar para su elaboración deberán estar perfectamente secos, limpios y fríos, presentando temperaturas de entre 2 y 6 ºC.
- Para la realización del merengue italiano se deberá batir la mezcla hasta que el almíbar se enfríe y adquiera una consistencia dura.
- Mezclar con sumo cuidado ambas elaboraciones, de forma envolvente, intentando que no baje la consistencia.

Ante cualquier incidencia, la mezcla se deberá rechazar, pues al tener naturaleza distinta no tendrá posible recuperación.

4.2. Fondant

Antes de empezar a elaborar el *fondant* se deben preparar todos los ingredientes y utensilios.

Hay que elaborar un almíbar, con todos los ingredientes, a punto de bola floja (114-118 ºC), con cuidado de que no se pase la temperatura, ya que no quedaría del color blanco que lo caracteriza.

Cuando el almíbar llegue a su temperatura, hay que verterlo sobre una superficie de mármol y trabajarlo con una espátula hasta que la temperatura del centro sea de más o menos 37 ºC, ir recogiendo el almíbar hacia el centro, trabajarlo hasta que su color sea blanco y luego seguir un poco más con las manos.

 Consejo

Se puede añadir a esta masa un poco de azucar glas para hacerla más manejable con las manos.

La masa resultante se puede conservar en un recipiente tapado con plástico, añadiendo un poco de agua para que no haga costra en su superficie.

Esta mezcla se endurecerá, así que, cuando se quiera utilizar solo habrá que fundirla un poco al baño maría y estará lista de nuevo.

También puede colorearse para que resulte más llamativa.

4.3. Crema chiboust

La receta de la crema *chiboust* se compone como ya sabemos de varios pasos. Lo más importante es elaborar el merengue italiano y la crema pastelera, a la cual se incorpora el ingrediente que se desee para darle el sabor, pudiendo asimismo añadir gelatina para dar consistencia.

Tanto la crema como el merengue deberán estar a baja temperatura para mezclarlos (15 °C máximo).

La textura del merengue debe ser bastante consistente, así que hay que mezclar la crema pastelera muy suavemente para que no se baje.

Para elaborar el merengue no debe haber ningún problema si se hace el almíbar con el punto adecuado y se deja enfriar, batiendo en la batidora la mezcla de las claras de huevo y el almíbar.

Según lo esponjosa que se quiera la crema *chiboust,* se pondrá mayor o menor proporción de merengue.

Consejo

La crema *chiboust* se caracteriza por su cremosidad, pero aún es posible dar un toque más de esta añadiendo, en vez del merengue, nata montada.

Hay que evitar la aparición de posibles trazas en la crema, resultado de una mezcla insuficiente.

4.4. Crema diplomática

Para su elaboración, se debe partir de una crema pastelera y una *chantilly* bien formuladas y elaboradas.

Para aromatizar la crema diplomática, se deberá infusionar la leche destinada a realizar la crema pastelera.

Para obtener un resultado más esponjoso, a la hora de mezclar ambas mixturas se procederá echando la crema pastelera sobre la crema *chantilly* y no al contrario.

La consistencia de esta crema debe ser bastante suave, tanto a la vista como al paladar.

Esta elaboración es muy sencilla y como ya conocemos las dos preparaciones, no debería haber ningún problema con ella.

4.5. Crema *bavaroise*

El principal problema de esta elaboración es la aparición de trazas en la mezcla final. Para ello, se deberá controlar la temperatura de adición de la pulpa junto con la gelatina.

La nata deberá estar semimontada para que posteriormente no se corte al añadir las diferentes mixturas.

Se deberá mezclar la nata sobre el merengue e incorporar la pulpa de forma cuidadosa y con movimientos envolventes.

El molde a utilizar deberá estar previamente refrigerado, evitando que la preparación pueda perder textura.

Después de terminar la crema, hay que dejarla enfriar en cámara.

Nota

Para desmoldar la preparación adecuadamente se puede dar un golpe de calor al molde, desprendiéndose sin problemas.

4.6. Merengue

En este apartado se verán los tres tipos de merengues que se han trabajado anteriormente por separado.

Merengue suizo

Al elaborar el merengue suizo, es posible añadir algunas gotas de vinagre o limón durante el batido, lo que hará que el resultado tenga más blancura y firmeza.

Para asegurarse de que el merengue quede perfecto, hay que utilizar huevos muy frescos de calidad y su temperatura debe de ser ambiente, no fríos, mirando muy bien que en las claras no quede ningún resto de yema.

Las varillas de la batidora deben estar completamente limpias y secas.

Se pueden colocar los ingredientes juntos dentro del bol, poner al baño maría y comenzar a montar.

Nota

El agua del baño maría debe de estar a fuego bajo (50 °C máximo).

El punto de montaje del merengue suizo es bastante consistente, por lo que cuando se termine de montar, para saber si es la consistencia adecuada, debe observarse que quedan picos hacia arriba con consistencia, pero siendo una crema suave al paladar.

Merengue italiano

Las claras, para la elaboración del merengue italiano, tienen que estar a punto de nieve bien firme.

Estas claras deben de ser frescas y sin nada de yema y, además, estar a temperatura ambiente, ya que de ello dependerá el siguiente paso.

Hay que asegurarse de que el almíbar consiga la temperatura adecuada para el punto de bola floja (118 °C).

Cuando se termine con el almíbar, las claras ya estarán batidas a punto de nieve. Ahora hay que volcar el almíbar sobre las claras en forma de hilo sobre los bordes de la batidora, asegurando así que este llegue hasta el fondo del bol y, por el batido, se disperse por toda la preparación coagulando las claras y tomando todo el merengue la misma densidad.

El truco de la preparación está en dejar enfriar batiendo la mezcla hasta que esté firme y totalmente fría.

 Consejo

Para aligerar el proceso, se podrá poner el bol encima de un baño de hielo que enfriará la mezcla.

Merengue francés

El merengue francés, como ya sabemos, consiste en batir las claras a punto de nieve añadiendo el azúcar poco a poco.

Las claras montarán mejor si la velocidad del batido comienza de forma moderada y se va subiendo la velocidad.

Se debe añadir una pizca de sal a las claras antes de comenzar a batir.

La temperatura de las claras no debe ser muy fría, ya que así montan con dificultad, por lo que hay que atemperarlas antes.

El merengue francés es muy simple y sencillo de preparar. Para saber si tiene la consistencia adecuada se deben levantar las varillas del batidor y constatar que se forman unos picos hacia arriba.

5. Conservación y normas de higiene

Las cremas ligeras deben ser almacenadas, ya elaboradas, entre 1 y 3 °C de temperatura, protegidas de la luz y de los olores.

La preparación de estas cremas es delicada, ya que la riqueza de su composición provoca que sean vulnerables a diversas alteraciones químicas y bacteriológicas. Hay que utilizar utensilios limpios, desgrasados y secos, cuidando en todo momento las condiciones de higiene.

 Nota

Se debe usar preferentemente material de acero inoxidable e ingredientes frescos y de buena calidad, asegurando así una buena conservación después de la elaboración.

Las cremas ligeras son de conservación corta por sus ingredientes a base de huevo, leche y nata principalmente.

Si se cocinan, luego hay que enfriarlas lo más rápido posible. Tan solo las piezas de merengue cocidas al horno tienen buena conservación en un lugar fresco y seco, siempre que se guarden en recipientes herméticos.

6. Identificación de los productos adecuados para cada tipo de crema

No todos los productos, aún de la misma especie o tipo, muestran las mismas características organolépticas. Factores como la frescura, el porcentaje graso o tratamiento al que son sometidos para su comercialización facilitarán características propias, que deben ser conocidas y tenidas en cuenta para obtener un producto final de calidad.

6.1. Crema *chantilly*

Las especificidades de los ingredientes que la integran deben mostrar las siguientes características.

Nata

La nata es un producto obtenido de la leche con un contenido de materia grasa de un mínimo del 35 %.

La nata se puede conservar de las siguientes formas:

- Pasteurizada.
- Uperizada UHT, que permite una mayor conservación.

En pastelería se puede usar montada o semimontada. En el caso de la crema *chantilly*, se emplea montada.

Recuerde

Hay que usar nata de primera calidad para asegurar una buena elaboración.

Punta de vainilla natural

Para obtener la máxima calidad en esta preparación se partirá del uso de vainas de vainilla natural. Para ello, será necesario infusionar de forma previa dicho elemento sobre un pequeño porcentaje de nata, que será colada y enfriada para su uso. Es muy importante llevar a cabo el filtrado evitando las pequeñas semillas negras, ya que en esta preparación no son admisibles.

Existe la posibilidad del uso de aditivos alimentarios (aromatizante de vainilla) tanto en polvo como líquido, aunque el resultado será de menor calidad aromática.

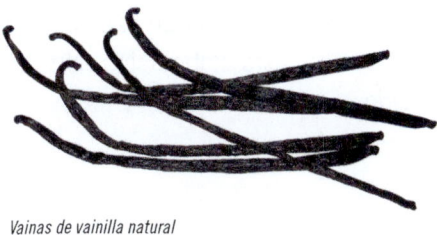

Vainas de vainilla natural

Claras de huevo

Los huevos pueden pesar de 40 a 70 g, representando la clara unos 32 g y la yema 20 g (en huevos de 70 g). La frescura del huevo es importante minimizando el riesgo sanitario de este producto, así como contar con el máximo porcentaje de ovomucina, siendo uno de los componentes que propician la estructura en forma de gel de la clara de huevo y por ende de la estructura del merengue.

Azúcar

El azúcar se utiliza granulado o granillo, para realizar el almíbar que se añadirá a las claras montadas.

Recuerde

Para la elaboración del almíbar se necesitarán unos 300 g de azúcar para 1 l de nata.

6.2. *Fondant*

Las especificidades de los ingredientes que la integran deben mostrar las siguientes características.

Azúcar

Para el *fondant* se emplea el azúcar granillo o granulado, que es el más económico a su vez, se contempla el uso de azúcar glas para facilitar la gestión de amasado requerido para esta elaboración. No obstante, se trata de un elemento complementario.

Glucosa

Se puede encontrar en polvo o en jarabe y tiene menos poder edulcorante que el azúcar, empleándose como anticristalizante en caramelos, almíbares y dulces. Para hacer el *fondant* se usa en jarabe debiendo mostrar una textura viscosa, brillante y transparente.

6.3. Crema chiboust y crema diplomática

La técnica a desarrollar en ambas cremas tiene criterios en común, basados en la unión de una crema batida y otra emulsionada.

Los ingredientes a utilizar deben ser, al igual que para las demás preparaciones, de primera calidad.

Recuerde

La crema diplomática puede ser utilizada para el relleno de cualquier elaboración dulce, dando nombre previo a elaboraciones tradicionales como la tarta Fraisier.

Azúcar

Para la crema *chiboust* se emplea azúcar blanquillo que es muy parecido al granulado pero de cristales más pequeños, por lo que disuelve mejor y aporta un 97 % de sacarosa. En cambio, otros, como el azúcar moreno, aportan un 85 % de sacarosa, mientras que el azúcar refinado llega a poseer hasta un 99.7 %.

Para realizar un almíbar de bola floja, se puede partir de la proporción 1/6 en agua y azúcar, obteniendo un almíbar a una temperatura de entre 114 a 118 ºC.

Importante

Puntos de cocción del azúcar:

- Almibar, entre 85 ºC y 90 ºC
- Espejuelo, entre 100 ºC y 105 ºC
- Hebra floja, entre 105 ºC y 108 ºC
- Hebra fuerte, entre 110 ºC y 114 ºC
- Bola floja, entre 114 ºC y 118 ºC
- Bola fuerte, entre 122 ºC y 126 ºC
- Caramelo blando, 140 ºC
- Caramelo fuerte, entre 146 ºC y 150 ºC
- Caramelo rubio, 160 ºC

Crema pastelera

Se deberá partir de una crema pastelera, aromatizada o no, en perfecto estado, sin grumos y a una temperatura máxima de 15 ºC.

Nata

Al igual que para el resto de elaboraciones pasteleras destinadas a la emulsión, la nata a utilizar deberá tener un mínimo del 35 % de materia grasa.

6.4. *Bavaroise*

Las especificidades de los ingredientes que la integran deben mostrar las siguientes características.

Bavaroise de crema

De forma específica en el caso de la *bavaroise* de crema, se indican como ingredientes adecuados los presentados a continuación.

Leche

Generalmente, en pastelería, se emplea leche de vaca. Es muy importante que se use leche UHT, libre de gérmenes.

Yema de huevo

La yema constituye una emulsión densa y amarilla con gran contenido de grasa.

Hay que utilizar los huevos más frescos.

Yema de huevo

Recuerde

En los huevos frescos recién abiertos, la yema debe de ser redonda y rodeada por la clara, mientras que en los viejos la yema y clara se dispersan.

Colas de pescado

La gelatina es una mezcla incolora e insípida que se consigue del colágeno procedente del tejido conectivo de despojos animales hervidos con agua. Se derrite con el agua caliente y se hidrata con el agua fría.

Proceso de hidratación de colas de pescado

Azúcar

Para esta receta se podrá usar azúcar granillo, pues éste se disolverá sin problemas en la leche al ser infusionada.

Nata

Se emplea nata con un contenido mínimo del 35 %, pues deberá ser emulsionada. Para una correcta elaboración esta será semimontada, para posteriormente, y con la adición del resto de ingredientes, proceder a su montado final.

Bavaroise de fruta

En el caso de llevar a cabo una *bavaroise* con base de fruta, es necesario contemplar las características específicas de estas, siendo una premisa general a tener presente la madurez y dulzor.

Pulpa de fruta

Normalmente se usan preparados de fruta, por su calidad y control de humedad.

 Nota

En todo caso, la fruta será previamente triturada para facilitar su incorporación.

Clara de huevo

La clara de huevo deberá estar perfectamente limpia, sin restos de yema, que harían que la emulsión no fuera adecuada.

Gelatina

También se emplean las colas de pescado. Hay que hidratarlas en agua, para a continuación disolverlas en la pulpa de fruta previamente atemperada.

Azúcar

El azúcar a utilizar podrá ser en granillo, aunque el azúcar glas tendrá una mayor disolución en la mezcla.

Nata

Siempre de alta calidad (mínimo 35 % de materia grasa).

6.5. Merengue

Las especificidades de los ingredientes que la integran deben mostrar las siguientes características.

Merengue suizo, italiano y francés

Los ingredientes requeridos para estas elaboraciones son comunes, aunque si habrá que tener presente las proporciones utilizadas en cada caso.

Azúcar

Para las elaboraciones en las que el azúcar no precisa de una cocción previa, se deberá utilizar un azúcar de fácil disolución, tipo glas, que impida la aparición de posibles gránulos.

Para estas elaboraciones nunca se utilizará azúcar antihumedad, quedando este reservado para espolvorear directamente sobre las elaboraciones ya preparadas, resistiendo a la humedad.

Huevos

Se necesitan solo las claras de huevo para el merengue, como ya sabemos, siempre muy frescas y sin ningún resto de yema. Las claras poseen un 90 % de agua, siendo el resto proteínas, vitaminas y trazas minerales.

Aplicación práctica

Imagine que se encuentra trabajando en el obrador de una pastelería y desde la tienda encargan una tarta rellena de merengue para dentro de una hora. En ese momento no se dispone de merengue ya elaborado en la nevera. ¿Qué tipo de merengue se usará para la realización de la tarta? Justifique su respuesta.

SOLUCIÓN

En este caso primará la rapidez en la elaboración del merengue, de modo que se habrá de elaborar el merengue más sencillo para poder montar la tarta a tiempo, siendo este el francés. Además, este tipo de merengue resulta el más indicado para los rellenos de tartas. De este modo, dará tiempo a montar la tarta en una hora y se obtendrá una elaboración adecuada.

7. Resumen

En este capítulo se ha podido ver cómo mezclando dos cremas básicas de pastelería se pueden obtener otras cremas totalmente diferentes, presentando infinidad de texturas, sabores y aromas.

Son cremas muy elaboradas, pero sin gran dificultad en su preparación, pues, siguiendo adecuadamente los pasos y procesos de elaboración y teniendo en cuenta los criterios necesarios para tratar cada ingrediente utilizado, el resultado raramente será defectuoso.

Expuestas las recetas básicas y sus procesos de elaboración, es la práctica la que dará como resultado el éxito en nuestras elaboraciones.

Hay que tener en cuenta que en el mundo de la pastelería son muy importantes las cantidades y proporciones de uso, con lo que se deberán respetar minuciosamente.

Ejercicios de repaso y autoevaluación

1. ¿Cuál es el origen de la crema *chantilly?*

   a. Francia
   b. España
   c. Italia

2. ¿Cuál es la base del *fondant?*

   a. Claras, azúcar y agua
   b. Yema, mantequilla y azúcar
   c. Agua, azúcar y glucosa

3. ¿Cuál de estas cremas entra en el grupo de cremas ligeras?

   a. Crema holandesa
   b. Crema *chiboust*
   c. Crema inglesa

4. ¿De qué se compone la crema *chiboust?*

   a. Crema pastelera y merengue italiano
   b. Crema pastelera y mantequilla
   c. Crema pastelera y merengue suizo

5. ¿Cuáles son los principales ingredientes de la *bavaroise?*

   a. Gelatina y nata montada
   b. Gelatina, crema inglesa y nata montada
   c. Nata montada y crema inglesa

6. ¿Qué tipos de merengue hay?

   a. Merengue suizo, italiano y francés
   b. Merengue suizo, español y francés
   c. Merengue suizo, italiano y belga

7. **¿A qué punto se debe llevar el almíbar para elaborar el merengue italiano?**

    a. Punto bola floja (114-118 °C)
    b. Punto hebra fuerte (110-114 °C)
    c. Punto espejuelo (100-105 °C)

8. **¿Cómo se conserva mejor el *fondant?***

    a. Al lado del calor
    b. En el congelador
    c. En un recipiente hermético, en lugar fresco y seco

9. **En el merengue francés, si se emplean 150 g. de claras de huevo, ¿cuánto azúcar granillo hará falta?**

    a. 150 g
    b. 200 g
    c. 500 g

10. **¿Cuál de las cremas ligeras lleva vainilla entre sus ingredientes?**

    a. Crema *chantilly*
    b. Crema diplomática
    c. *Bavaroise*

Capítulo 4
Proceso de elaboración de rellenos salados

Contenido

1. Introducción
2. Tipos: cremas base para rellenos salados, crema bechamel y otras
3. Identificación de los ingredientes propios de cada elaboración. Formulación de las elaboraciones y secuencia de operaciones
4. Determinación del punto de montaje, batido, consistencia y características de cada elaboración. Análisis de las anomalías y defectos más frecuentes. Posibles correcciones
5. Conservación y normas de higiene
6. Identificación de los productos adecuados para cada tipo de crema
7. Resumen

1. Introducción

La pastelería salada se ha ido incrementando de manera progresiva por la demanda de los consumidores, que necesitan de un tentempié en un momento determinado del día (aperitivo, merienda, reuniones sociales, etcétera) y se inclinan por especialidades tales como canapés, *snacks,* hojaldres, bebidas, etcétera, que sacian el hambre pero no suponen la comida principal.

En este capítulo de rellenos de pastelería salada se mostrarán los diferentes rellenos básicos que más utilidad tienen en la elaboración de productos de pastelería, describiendo y desarrollando su elaboración y conservación.

Estos rellenos van a ser la base de posteriores elaboraciones de pastelería salada, a partir de los cuales se podrán preparar infinidad de recetas diferentes y usarlas para todo tipo de masas o pastas.

2. Tipos: cremas base para rellenos salados, crema bechamel y otras

La pastelería salada muestra infinidad de ingredientes y elaboraciones. Así, desde una salsa mayonesa o bechamel, hasta cremas derivadas de mantequilla, queso o nata. A continuación se exponen las más significativas.

2.1. Crema de queso

El queso es un alimento elaborado a partir de leche cuajada, pudiendo ser esta de vaca, cabra, oveja, búfala, etcétera.

Hay muchos tipos de quesos y prácticamente con cada uno de ellos se podría elaborar una crema para rellenar infinidad de preparaciones.

- Quesos frescos, cuya elaboración consiste en cuajar y deshidratar la leche.
- Quesos curados, cuya elaboración consiste en el añejamiento de estos, que se secan y a los que se les aplican técnicas de conservación.

- Quesos cremosos, que serían los ideales para elaborar este tipo de cremas. Su estado natural es sólido, aunque se podría conseguir una textura más cremosa añadiendo nata.
- Quesos azules, que se elaboran con mohos y así consiguen el color característico.

Si subimos la temperatura del queso a más de 55 ºC la mayoría empieza a fundirse, aunque para los más duros hay que subirla a 85 ºC.

Vol au vent rellenos de crema de queso

Las cremas de queso no solo la encontramos como relleno, sino que también se pueden encontrar como acompañamiento de carnes, pastas, etcétera. En pastelería salada se pueden rellenar *vol-au-vents,* minihojaldres, etcétera.

 Nota

La crema de queso utilizada en pastelería salada suele ser complemento de productos ahumados, marinados o incluso como ingrediente básico para ser complementado por hierbas aromáticas, siendo un ejemplo la crema de queso al eneldo. Otro de los postres en los que la crema de queso es fundamental es en la elaboración de la tarta tiramisú, elaborada con crema de queso mascarpone.

2.2. Crema de nata

La nata se usa en pastelería para hacer todo tipo de cremas o *mousses,* pues se puede usar como acompañamiento de ingredientes de todo tipo y realizar infinidad de recetas.

Esta crema de nata se usa para una elaboración también muy característica que se va a ver con más detenimiento, el relleno para la quiche lorraine.

La quiche es un tipo de tarta salada. Se elabora con base de huevos y nata mezclada con verduras o carne, principalmente panceta o beicon, con la cual se rellena un molde de masa quebrada y se cocina al horno, pudiendo también llevar queso.

El origen de la quiche es francés, de la región de Lorena. Hay muchas variantes de esta tarta salada.

Quiche lorraine realizada con crema de nata, cebolla y beicon

 **Nota**

La crema de nata tendrá una proporción grasa del 18 %, quedando reservadas proporciones mayores para las elaboraciones que requieren ser emulsionadas (cremas emulsionadas).

2.3. Bechamel

La salsa bechamel es una salsa básica. Se elabora con tratamiento térmico y tiene aplicaciones gastronómicas diversas, entre las que cabe destacar su intervención en las elaboraciones de la pastelería salada.

Cuando se habla de salsa básica quiere decirse que es una salsa importante desde el punto de vista culinario, puesto que de ella van a derivar otras que necesariamente llevarán salsa bechamel en su composición. Por ejemplo:

- **Aurora:** bechamel con concentrado de tomate. También se considera derivada de la salsa de tomate.
- **Crema:** bechamel con una reducción de nata.
- **Mornay:** bechamel con yemas de huevo crudas y queso rallado (gruyère y parmesano).
- **Nantua:** bechamel con mantequilla de cangrejos, champiñón, colas de cangrejos y trufa.
- *Soubise:* bechamel con cebolla estofada en vino y nata.

Salsa bechamel

2.4. Salsa de tomate

La salsa de tomate es una salsa básica de la cocina que tiene aplicaciones gastronómicas diversas, entre las que cabe destacar su intervención en las elaboraciones de la pastelería salada, como en las pizzas y farsas de relleno.

Cuando se habla de salsa básica quiere decirse que es una salsa importante desde el punto de vista culinario, puesto que de ella van a derivar otras que necesariamente llevarán salsa de tomate en su composición. Por ejemplo:

- **Napolitana:** tomate rehogado con diferentes verduras. Para pastas y farsas.
- **Boloñesa:** tomate con verduras, carne picada y vino. Ideal para pastas o rellenos de empanadas.

Salsa de tomate

2.5. Salsa mayonesa

La salsa mayonesa es una salsa básica fría con aplicaciones gastronómicas diversas, entre las que cabe destacar su intervención en las elaboraciones de la pastelería salada en sándwiches, canapés etcétera.

Algunas salsas derivadas de la salsa mayonesa son las siguientes:

- **Tártara:** mayonesa con encurtidos picados muy finos.
- **Rosa:** mayonesa adicionada de kétchup, zumo de naranja y *brandy*.
- **Remolade:** tártara con adición de anchoas.

Salsas derivadas de la salsa mayonesa

2.6. Salsa vinagreta

La salsa vinagreta es una salsa básica fría, con aplicaciones gastronómicas diversas, entre las que cabe destacar su intervención en las elaboraciones de la pastelería salada como acompañamiento de elaboraciones de rellenos fríos en tartaletas, canapés o para aderezar rellenos fríos en general.

 Nota

Dependiendo del plato al que acompañe, la vinagreta irá adicionada de unos ingredientes u otros.

Una salsa derivada de la salsa vinagreta es la ravigote, siendo una vinagreta adicionada de alcaparras, pepinillos, huevo duro, perifollo, cebolleta fresca, etcétera.

Salsa vinagreta de mostaza

2.7. Crema de mantequilla

La salsa de mantequilla es una salsa básica de la cocina que tiene aplicaciones gastronómicas diversas, entre las que cabe destacar su intervención en las elaboraciones de la pastelería salada. Suele utilizarse untando en la base de aperitivos, canapés, pan alemán, etcétera.

La crema de mantequilla es ideal como base para el servicio de ahumados, encurtidos, etc.

3. Identificación de los ingredientes propios de cada elaboración. Formulación de las elaboraciones y secuencia de operaciones

El abanico de ingredientes asociados a la elaboración de rellenos salados puede llegar a ser innumerable. A su vez, este abanico de posibilidades aumenta en relación a cada uno de los tratamientos térmicos, cortes o transformación al que son sometidos los ingredientes; a su vez, unos mismos ingredientes, formulados en distintas proporciones también facilitarán posibles cambios o incluso una nueva elaboración.

 Receta

Crema base de queso fresco

<u>Ingredientes</u>

- Leche 1 l
- Huevo 200 g
- Almidón de maíz 80 g
- Mantequilla 100 g
- Queso emmental 500 g
- Queso fresco 600 g
- Queso para untar 400 g
- Mantequilla 1 kg
- Zumo de limón
- Sal y pimienta blanca

<u>Elaboración</u>

1. Elaborar al fuego una crema con la leche, los huevos, el almidón de maíz, la mantequilla y un poco de sal.
2. Una vez terminada la crema, retirar del fuego y añadir el queso emmental rallado.
3. Mover hasta que se funda.
4. Dejar enfriar la crema removiéndola.
5. Una vez fría, batirla con el resto de los quesos y la mantequilla hasta que esté esponjosa.

Receta

Crema de queso roquefort

Ingredientes

I Queso cremoso para untar 500 g
I Queso roquefort 500 g

Elaboración

1. Mezclar muy bien el roquefort con el queso cremoso.
2. Según la consistencia deseada, se añade más queso roquefort o menos (mientras más consistente se quiera la crema más roquefort se añadirá).
3. Terminar de mezclar hasta que la crema sea homogénea.

Receta

Crema de nata para quiche lorraine de beicon

Ingredientes

I Huevos 2 u
I Mantequilla 75 g
I Beicon 150 g
I Cebolla 75 g
I Nata 125 g
I Una pizca de nuez moscada

Elaboración

1. Rehogar el beicon troceado y la cebolla con la mantequilla en un sotel.
2. Batir bien, por otro lado, la nata con los huevos con ayuda de una varilla.
3. Salpimentar la crema y añadir el beicon.
4. Añadir esta crema al molde de la quiche y cocinar al horno unos 25 minutos.

Receta

Crema de queso para quiche de espinacas y queso

<u>Ingredientes</u>

- Huevos 3 u
- Espinacas 250 g
- Queso cremoso 50 g
- Leche 100 ml
- Sal
- Nuez moscada

<u>Elaboración</u>

1. Primero cocer las espinacas, escurrirlas y reservarlas.
2. Batir los huevos y el queso y añadir un poco de nuez moscada y sal.
3. Cuando esté bien batido, añadir la nata líquida y las espinacas previamente troceadas y mezclar bien.
4. Poner la crema en el molde y hornear la quiche a una temperatura de 170 °C de 15 a 20 minutos. Gratinar 15 minutos más para que se dore la superficie.

Receta

Crema de nata salada para rellenar canapés

<u>Ingredientes</u>

- Aceite 10 g
- Cebolla 125 g
- Mantequilla 80 g
- Almidón de maíz 60 g
- Nata de cocina 840 g
- Sal y pimienta blanca

<u>Elaboración</u>

1. Poner a calentar el aceite en una sartén y pochar la cebolla picada en brunoise.
2. Incorporar a la cebolla cocinada la mantequilla. Salpimentar.
3. Disolver el almidón de maíz en la nata.
4. Añadir la nata al preparado anterior.
5. Cocinar hasta que adquiera el espesor deseado. Rectificar de sal y pimienta.
6. Retirar del fuego y dejar enfriar para su uso.

Receta

Mousse de salmón

Ingredientes

- ⏐ Salmón ahumado 200 g
- ⏐ Mantequilla 70 g
- ⏐ Claras de huevo 2 u
- ⏐ Nata montada 300 g
- ⏐ Queso cremoso para untar 100 g

Elaboración

1. Triturar el salmón y mezclar con el queso.
2. Añadir poco a poco la nata montada.
3. Batir las claras a punto de nieve e incorporarlas a la mezcla anterior.
4. Salpimentar al gusto.

Receta

Bechamel

Ingredientes

- Leche 1l
- Mantequilla 90 g
- Harina 90 g
- Nuez moscada
- Sal y pimienta blanca

Elaboración

1. Poner a calentar la leche.
2. Por otro lado, derretir la mantequilla.
3. Cuando esté totalmente fundida, añadir la harina y cocer sin dejar de mover. Cocer hasta eliminar el gusto a crudo de la harina.
4. Remover muy bien con una varilla, hasta que la mezcla de la harina y la mantequilla se desprenda de las paredes.
5. Añadir la leche cuando esté hirviendo sobre el *roux* de harina y mantequilla.
6. Mover muy bien con la varilla hasta que desaparezcan los grumos, a fuego lento.
7. Salpimentar y rallar un poco de nuez moscada sobre la bechamel.

Receta

Salsa mornay

<u>Ingredientes</u>

- ⎮ Salsa bechamel 250 g
- ⎮ Yemas de huevo 2 u
- ⎮ Nata 30 ml
- ⎮ Queso parmesano y cheddar 150 g
- ⎮ Pimienta blanca y sal

<u>Elaboración</u>

1. Atemperar la bechamel hasta obtener unos 75 - 80 ºC.
2. Mezclar la nata con las yemas de huevo.
3. Añadir a la bechamel el queso parmesano y cheddar rallado.
4. Calentar y mover hasta obtener una mezcla homogénea evitando que queden trazas de queso.
5. Retirar de la fuente de calor y añadir la mezcla de nata y huevo, teniendo presente la temperatura del conjunto para evitar que coagule el huevo.
6. Mover y salpimentar.

Receta

Salsa de tomate

Ingredientes

I Tomate 5 kg
I Zanahoria 250 g
I Apio 250 g
I Puerro 250 g
I Cebolla 250 g
I Tomillo c/s
I Laurel c/s
I Sal c/s
I Azúcar c/s
I Aceite de oliva c/s

Elaboración

1. Cortar en mirepoix las verduras y rehogar todo con el aceite. Dejar cocer y sazonar al punto.
2. Pasar por batidora y chino.
3. El azúcar se pone para contrarrestar la acidez del tomate.

 Nota

Además de la que se ha visto anteriormente, existen dos variantes más de la salsa de tomate:

I Tomate concasse: tomate natural rehogado, sin piel ni semillas, con ajo en brunoise y aceite de oliva.
I Salsa de tomate natural: tomate natural escaldado cortado en dados y rehogado en aceite de oliva, sin piel ni semillas.

 **Receta**

Salsa mayonesa

Ingredientes

ı Huevo pasteurizado 4 yemas
ı Aceite de girasol 1l
ı Sal c/s
ı Vinagre o limón c/s

Elaboración

1. Poner las yemas pasteurizadas en un recipiente con el vinagre, la sal y un poco de agua (opcional).
2. Batir enérgicamente con ayuda del batidor e ir incorporando el aceite poco a poco con cuidado que no se disocie la mezcla. El vinagre o limón actúa como catalizador de la unión del huevo y el aceite.
3. También se puede montar con la batidora.

 Recuerde

El hecho de usar las yemas pasteurizadas evita la temida salmonela.

4. Determinación del punto de montaje, batido, consistencia y características de cada elaboración. Análisis de las anomalías y defectos más frecuentes. Posibles correcciones

Según los ingredientes a integrar en las elaboraciones, habrá que adoptar una u otra técnica, teniendo así unas características propias para cada elaboración. Además, se deben respetar en todo momento las normas de higiene y las técnicas de conservación.

4.1. Crema base de queso

Con la crema de queso se pueden rellenar masas de petisú, lionesas y *éclairs.*

Debe quedar con una textura bastante esponjosa, ya que, al ser una crema base, se puede aderezar con otras muchas (pulpa de tomate, pasta de anchoa, mostaza, etcétera).

No tiene que tener ningún punto de montaje en particular, ya que no hay que batirla. Simplemente quedará con una textura más ligera justo al terminar de elaborarla, cuando aún esté caliente, y al enfriar espesará bastante por su contenido en queso y mantequilla.

4.2. Crema de queso roquefort

Para elaborar esta crema solo se necesita queso roquefort y queso cremoso.

 Nota

Deberá resultar una textura homogénea.

Ambas mixturas tiene puntos de fusión y cremosidad similares, por lo que se mezclarán sin problemas, pudiendo utilizar una batidora eléctrica.

Para rellenar preparaciones de pastelería salada debe tener una consistencia cremosa. En estos casos, suele ser escudillada con la ayuda de una manga pastelera.

No hay que calentar la elaboración, sino que se realiza todo en frío, aunque sí es recomendable atemperar un poco los ingredientes.

 **Consejo**

Una vez sofrito el beicon, se debe escurrir sobre papel de cocina para secar un poco la grasa y que no la suelte luego al mezclar con la nata.

4.3. Crema de nata para quiche lorraine

El beicon se pone encima de la masa del molde y sobre este se añade la mezcla de la nata y los huevos para meterlo todo junto en el horno.

La temperatura ideal para cocer la quiche es de 185 °C, ya que si se cuece a más temperatura se quemaría por la superficie y por dentro quedaría cruda.

Si la crema de la quiche se hace con otros ingredientes distintos del beicon, solo hay que añadir estos dentro de la mezcla de nata y huevos.

También se pueden cocer todos los ingredientes primero al fuego, vertiéndolos luego sobre el molde y poniéndolos al horno, de manera que mezclen mucho mejor. Si se le añade queso, se calienta la masa antes para que ayude a incorporarlo.

La crema de nata para la quiche lorraine es muy fácil de preparar. Solo hay que poner la cantidad de nata y huevos que se refleje en la receta para que así cuaje la crema. Si se cambia la cantidad puede quedar muy clara o muy espesa, ya que estos ingredientes son los que le dan la consistencia.

Esta tarta salada se puede tomar en frío o en caliente.

4.4. Crema de nata salada para rellenar canapés

La textura de la crema de nata es similar a la de la crema pastelera. Esto sucede por su ingrediente en común, el almidón de maíz.

La crema de nata se elabora en caliente y se deja enfriar para su utilización.

Es una crema base que se puede aderezar al gusto con verduras, carne, embutidos, especias, etcétera.

Al llevar almidón de maíz en su elaboración, puede quedar algún grumo, así que hay que moverla muy bien con ayuda de una varilla.

Es muy importante no parar de moverla, ya que además podría pegarse.

4.5. *Mousse* de salmón

Las *mousses* saladas son similares a las dulces.

La *mousse* de salmón es una elaboración muy sencilla que podemos utilizar para rellenar infinidad de preparaciones.

Hay que asegurarse de picar muy bien el salmón y mezclarlo muy bien con el queso de untar para que la textura de la elaboración sea lo más homogénea posible.

 Consejo

Conviene añadir la sal y la pimienta justas para que la *mousse* no esté demasiado condimentada, ya que el salmón ahumado de por sí lleva bastante sal.

Para conseguir que la *mousse* sea muy esponjosa hay que dar un punto de batido a la nata y a las claras de huevo bastante consistente y mezclarlo todo muy suavemente para que esta no se baje.

4.6. Bechamel

El único inconveniente de la receta de bechamel son los grumos y el sabor a crudo que dejaría la harina si no se cocina lo suficiente.

Antes de realizar la crema se debe tamizar la harina.

 Definición

Tamizar
Acción de pasar un producto por un tamiz para eliminar grumos y retener impurezas, por ejemplo la harina.

Hay que calentar muy bien la leche hasta el punto de ebullición.

El *roux* hay que cocinarlo unos minutos sin dejar de mover, ya que si se cocina poco tiempo la bechamel podría saber a harina cruda, por lo que se debe cocinar hasta que ésta coja un poco de color y entonces se podrá añadir la leche, que estará hirviendo, poco a poco. Así se evitará que salgan grumos.

Hay que usarla en frío y cubrirla con papel de plástico para evitar que le salga costra.

La textura de la salsa bechamel puede variar en función de la elaboración para la que se aplicará.

Como salsa con base láctea que es, suele ser muy perecedera, por lo que, si se va a utilizar inmediatamente después de elaborarla, no deberá de bajar de los 70 ºC. Hasta el momento de su consumo es conveniente que esté tapada herméticamente para que no se forme costra en la superficie.

Ejemplo

En una bechamel para gratinar la consistencia ha de ser casi sólida para que no resbale del producto que va a napar, mientras que si va ligando alguna farsa ha de ser liviana para que el conjunto no resulte con consistencia demasiado dura.

Si no se va a utilizar en ese momento, se debe enfriar en abatidor y conservar en refrigeración a 4 ºC.

Cuando va formando parte de otras elaboraciones, tolera bien la congelación.

4.7. Salsa mornay

La salsa mornay es una variante de la bechamel a la que se le añade yema de huevo, queso y un poco de nata. Su preparación es similar.

Al añadir el queso se consigue potenciar su sabor.

Se elabora una bechamel normal y luego se adereza con los ingredientes que faltan para completar la receta de esta salsa. Se mezcla muy bien la nata con los huevos y se añade a la bechamel cuando todavía está cociendo, sin dejar de remover. Es muy importante que no se agarre y no coagule el huevo formando grumos. El queso hay que añadirlo rallado.

Cuando se retire del fuego, hay que mover muy bien para que no salgan grumos.

Esta crema es un poco más ligera en caliente que la salsa bechamel, pero cuando enfría también es muy consistente.

4.8. Salsa de tomate

La salsa de tomate es una salsa básica con una consistencia semisólida y firme. La consistencia es parecida a la de la bechamel, ya que ambas son elaboraciones que deben ser espesas y lo suficientemente livianas y/o fluidas para dejarse manipular con facilidad.

Cuando la salsa de tomate se somete a conserva no necesita de refrigeración. De no ser sometido a conserva, debe ser conservada en refrigeración en un recipiente hermético y con temperatura entre 2 y 4 °C, teniendo una fecha de consumo de 4 días aproximadamente.

Después de la abertura de la conserva, ésta se debe almacenar bajo refrigeración a temperaturas inferiores a 4 °C por un máximo de 3 días.

Cuando va formando parte de otras elaboraciones, tolera bien la congelación.

4.9. Salsa mayonesa

El tiempo de conservación de este tipo de salsa es muy limitado, ya que el huevo es un producto muy perecedero, por lo que a la hora de determinar el tiempo de conservación de una crema u otro tipo de preparado siempre se tendrá en cuenta el ingrediente más perecedero que intervenga en su composición.

Recuerde

En la elaboración de alimentos se sustituirá el huevo por ovoproductos pasteurizados y elaborados por empresas autorizadas para esta actividad, excepto cuando estos alimentos sigan un posterior tratamiento térmico no inferior a 70° en el centro de los mismos.

La temperatura máxima de conservación para cualquier alimento de consumo inmediato donde figure el huevo u ovoproducto como ingrediente será de 8° hasta el momento del consumo. Estos alimentos se conservarán en un plazo máximo de veinticuatro horas a partir de su elaboración.

Además, todos los productos de pastelería, incluidas las cremas, se conservarán en recipientes de material inalterable para evitar intoxicaciones alimenticias y estarán aislados de otras elaboraciones o cerrados en recipientes herméticamente o envasados al vacío para evitar que adquieran olores no deseados.

La consistencia de la mayonesa será siempre de bastante dureza y firmeza.

Consejo

En cualquier caso, la mayonesa se puede aligerar con agua, proporcionándole el grado de densidad deseado, si fuese preciso necesitarla más liviana.

4.10. Salsa vinagreta

La vinagreta es un tipo de salsa que se conserva bien en refrigeración, aunque puede mantenerse a temperatura ambiente, ya que el aceite y el vinagre no necesitan del frío, si bien estos dos ingredientes deben permanecer cerrados herméticamente sin que les dé la luz solar y libres de humedades, porque lo que sí suele ocurrirle al aceite es que se oxida.

La consistencia de esta salsa es densa y espesa cuando se emulsiona, pero rápidamente pierde esta solidez para volverse más líquida.

5. Conservación y normas de higiene

Llegados a este punto conviene extenderse un poco más en las normas de higiene y conservación para productos elaborados en obradores de pastelería dulce y salada. A continuación, se verán algunas cuestiones importantes a tener en cuenta según la normativa:

1. Los recipientes, máquinas y utensilios usados para las elaboraciones serán de materiales que no alteren las características de su contenido (ni madera ni aluminio).
2. Los obradores tendrán una superficie adecuada a la elaboración, variedad, manipulación y volumen de fabricación de los productos, con localización aislada de los servicios, oficinas, vestuarios, lavabos y almacén.
3. El agua utilizada para la fabricación y la limpieza será potable.
4. Los establecimientos elaboradores dispondrán de instalaciones frigoríficas para los productos que necesiten conservación en frío.
5. El horno empleado puede ser de calefacción por combustible sólido, líquido o gaseoso.

Hay que llevar a cabo una manipulación higiénica que se puede definir como la protección que se da a los alimentos en el momento en que se están manipulando para evitar que se contaminen.

Se deben refrigerar todas las cremas que se elaboren, manteniendo así el alimento sin deterioro y evitando la proliferación de microorganismos. Ningún tipo de crema o dulce se puede almacenar más de 2-3 días.

El único problema que puede surgir al conservar estas cremas saladas para relleno es que podría crearse una costra en la superficie, problema que se evita tapando el recipiente donde se guarda con papel film bien pegado a la superficie de la crema. Así se evita que entre aire y se cree esa costra.

Recuerde

Las cremas saladas para relleno de pastelería se conservan como máximo 2-3 días en cámara frigorífica a una temperatura de 2-4 °C.

6. Identificación de los productos adecuados para cada tipo de crema

La calidad y características de los ingredientes utilizados en la elaboración de estas cremas repercutirán en las propiedades organolépticas del producto final.

6.1. Crema base de queso fresco

Se indican como característicos en la elaboración de este tipo de crema los presentados a continuación.

Leche

La leche es la base de muchos productos lácteos, como la mantequilla, el queso, el yogurt, etcétera.

Huevos

Los huevos, si se usan enteros, mientras más frescos mejor. También se pueden usar envasados pasteurizados. Para 1 litro de leche se necesitan 200 g de huevos.

Almidón de maíz

También llamado fécula de maíz. Este ingrediente se usa para espesar la crema.

Mantequilla

Para la elaboración de la crema de queso es preferible usar mantequilla sin sal, ya que de por sí el queso es salado.

Queso emmental

Es un queso de origen suizo parecido al queso gruyère y está compuesto de leche de vaca. Es un queso semiduro, de sabor suave. Su aroma es fuerte, muy frutal, parecido a la nuez.

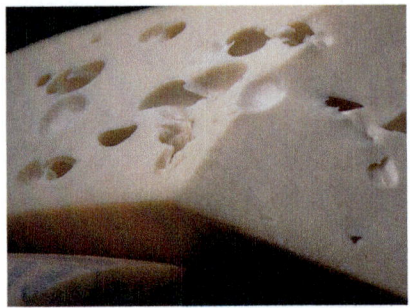

Se pueden ver con claridad los agujeros característicos del queso emmental.

? Sabía que...

Los característicos agujeros del emmental son provocados por microbios inofensivos llamados propiónicas.

Queso fresco

Este es un tipo de queso blando que retiene gran parte del suero y no tiene proceso de maduración. Obtenido a partir de leche pasteurizada, el proceso de elaboración para su obtención pasa por:

- Coagulación ácida
- Incubación
- Escurrido suave
- Prensado o moldeado

Queso fresco

Queso para untar

El queso de untar es un queso muy cremoso, como su nombre indica. Es un queso blanco pasteurizado, que se consigue sin necesidad de cocer, fermentando naturalmente.

 Nota

El queso fresco y de untar es un producto perecedero, por lo que su conservación deberá ser en refrigeración a una temperatura entre 2 y 6 ºC.

6.2. Crema de queso roquefort

Los principios a considerar en los ingredientes utilizados en la elaboración de la crema de queso roquefort, son los presentados a continuación.

Queso crema

Para la crema de queso roquefort se usará queso crema, que dará una textura más untuosa a la preparación y, al mismo tiempo, transmitirá un sabor más suave.

Variedad de canapés con base de crema de queso.

Queso roquefort

Tiene un sabor muy característico levemente salado y picante, con olor a moho.

 Sabía que...

El roquefort está elaborado con leche de oveja sin pasteurizar y un hongo llamado *Penicillium roquefortii.*

Es de textura cremosa y suave.

Su maduración mínima es de 4 meses, siendo 6 meses el tiempo óptimo.

Roquefort

6.3. Crema de nata para quiche lorraine de beicon

Las características o principios de los productos utilizados en la elaboración de la crema de nata, tienen como principios a destacar los presentados a continuación.

Huevos

Los huevos son un alimento habitual y básico, se usan en muchas elaboraciones y, como se ha visto, son el componente principal de múltiples preparaciones dulces y saladas, teniendo propiedades aglutinantes y, según su procedencia, unas características peculiares.

Mantequilla

Existen varios tipos de mantequilla, pero se pueden distinguir dos:

- Mantequilla ácida
- Mantequilla dulce

Se le puede añadir sal o no, obteniendo mantequilla salada o normal.

Sabía que...

La mantequilla se elabora a partir de la leche de muchos animales, siendo la más normal en Occidente la mantequilla de leche de vaca.

En el Tíbet, es fundamental para la alimentación de sus pobladores la mantequilla de leche de yak.

Para la elaboración de la crema de nata para la quiche se puede usar mantequilla salada, mientras que en elaboraciones de pastelería se emplea mantequilla sin sal.

Beicon

El beicon es un producto cárnico que se encuentra bajo la piel del cerdo y que está compuesto por tocino entreverado de carne, teniendo un gran valor energético.

Pieza de beicon

Nata

La nata es un producto lácteo rico en materia grasa que se obtiene de la leche. Tiene gran aceptación en cocina y en pastelería, donde se valora su sabor y contenido en grasa, considerándose que la nata destinada a montar debe poseer un mínimo del 35 % de materia grasa, mientras que la nata para cocinar estará en torno al 18 %.

Nuez moscada

Es un polvo de color marrón oscuro que se obtiene al rallar la corteza externa de la nuez del árbol *myristica.* El uso de la nuez moscada como especia es muy antiguo. Su sabor es muy intenso, por lo que siempre que se use deberá hacerse en cantidades mínimas. La nuez moscada tiene un sabor cítrico, picante y dulce.

La mejor manera de utilizar la nuez moscada es rallándola.

6.4. Crema para quiche de espinacas y queso

Son ingredientes propios de este tipo de crema los presentados a continuación, debiendo perseguir en todo caso los de mayor calidad.

Huevos

Se emplean huevos frescos con su marca y etiqueta de consumo correspondiente. Los más usados son los de gallina, teniendo presente que se comercializan otros muchos tipos.

Huevos de avestruz y gallina

 Nota

En la actualidad, se encuentran en el mercado huevos de codorniz, pava, pato, faisán, oca, emú, etcétera.

Espinacas

Las espinacas se cultivan como verdura por sus hojas comestibles grandes y de color verde oscuro. Se pueden comer frescas, cocidas o fritas. Para las recetas pasteleras que necesitan cocción, es recomendable un previo blanqueo y escurrido, que eliminará parte del agua de vegetación.

Hojas de espinacas al natural

Otros productos usados para esta elaboración son la nuez moscada, el queso y la nata, ya explicados con anterioridad.

6.5. Crema de nata salada para rellenar canapés

Sabiendo que el aceite, la cebolla, la nata o la mantequilla forman parte de su formulación, se indican en cada caso las siguientes características.

Aceite

El aceite puede ser de origen animal o vegetal. Precisamente, el aceite de oliva es el que se va a usar para elaborar esta crema de nata, solo se necesitan 10 g, simplemente para rehogar la cebolla.

 Sabía que...

En la Grecia antigua ya usaban el aceite de oliva. En Atenas, el olivo era un árbol sagrado asociado a la diosa Palas Atenea.

Cebolla

La cebolla pertenece a la familia de las liliáceas (ajo, puerro, etcétera). Es un ingrediente primordial de la cocina mediterránea y existen muchas variedades:

- Cebolla blanca
- Cebolla morada
- Cebolla amarilla
- Cebolla dulce tierna
- Cebollitas francesas
- Cebolla roja

Mantequilla

Se debe utilizar mantequilla salada, pues el resto de componentes y la elaboración final no son dulces.

Almidón de maíz

Se utilizará para conseguir la textura idónea en la elaboración.

Se debe tener en cuenta que para su utilización debe ser previamente diluida en un líquido frío, evitando posibles grumos.

Nata

No será necesario el uso de nata con índices de grasa muy altos, pues para su utilización no debe producirse la emulsión, pudiendo aumentar éste mediante la reducción (del 12 % al 30 % de grasa).

6.6. *Mousse* de salmón

Son características de los ingredientes asociados a la *mousse* de salmón, los presentados a continuación.

Salmón ahumado

Este producto es sometido a un método de conservación por el que se ahúma sobre una mezcla de leña y se le añaden esencias aromáticas (enebro, salvia, brezo, etcétera). Hay dos tipos de ahumados, atendiendo a la temperatura de elaboración:

Salmón ahumado

- Ahumado en frío
- Ahumado en caliente

Además del salmón ahumado, se deberán usar ingredientes ya citados como son la mantequilla, la nata y el queso cremoso, siempre de primera calidad, siendo la mantequilla salada y de origen animal y la nata con un contenido mínimo de grasa del 35 %.

6.7. Bechamel

Los principios a tener presentes en torno a los ingredientes utilizados para este tipo de salsa son los siguientes.

Leche

Se usará leche entera para transmitir más cremosidad a la elaboración.

Mantequilla

Se empleará mantequilla de origen animal. La calidad de esta materia prima se trasladará a la elaboración final, siempre y cuando no se utilicen especias muy acentuadas en la infusión de la leche.

 Nota

Con el fin de reducir costos, se podrán utilizar margarinas vegetales, que, aunque no trasmitirán sabor a la elaboración final, no afectarán a la textura.

Harina

Hay distintas clases de harina según del cereal del que se obtengan. La más común y la que se va a emplear para realizar la bechamel es la harina de trigo.

Nuez moscada

Como en anteriores elaboraciones, se emplea una pizca de este ingrediente. En la bechamel, la nuez moscada da un sabor característico, siendo fundamental.

6.8. Salsa mornay

Para su utilización se partirá de una salsa bechamel. Esta no deberá ser muy especiada, pues su caracterización debe dársela el queso utilizado.

Huevos

Se emplea solo la yema, asegurando la máxima calidad del producto, recomendando el uso de yema pasteurizada para evitar riesgos.

Nata

Se emplea nata liquida para cocinar con el fin de aligerar la crema, que posteriormente se verá texturizada con la adición del queso.

Queso parmesano y *cheddar*

El queso parmesano es de pasta dura y de origen italiano. Es un queso también muy usado para la elaboración de postres.

El *cheddar* es originario de Inglaterra. Su sabor coge fuerza a medida que avanza su curación y es más suave que el parmesano.

Queso parmesano

Nota

La producción de queso parmesano está regulada por la DOP (Denominación de origen protegida).

Aplicación práctica

Poniendo en práctica lo aprendido en el capítulo, imagine tener que realizar una serie de aperitivos que, utilizando los mismos ingredientes, resulten distintos.

Los ingredientes de que dispone son: mini craques, salmón ahumado, crema de queso, huevas de lumpo y eneldo.

Realice al menos 3 preparaciones distintas.

SOLUCIÓN

Dados los ingredientes y las necesidades requeridas, basaremos nuestras presentaciones en las diferentes combinaciones de textura.

Realizaremos 3 presentaciones frías.

Continúa en página siguiente >>

<< Viene de página anterior

PREPARACIÓN 1

Utilizando el mini craque como base, disponer con ayuda de un cuchillo la crema de queso, cubriendo toda la tosta.

Filetear el salmón muy fino y disponer una pequeña loncha sobre el queso.

Poner una punta de cebollino.

PREPARACIÓN 2

Picar finamente el salmón y el eneldo, reservando algunas ramitas.
Unificar el picadillo anterior junto con la crema de queso y las huevas.
Realizar pequeñas quenefas con la masa y poner sobre el mini craque tostado.
Adornar con las ramitas de eneldo.

Continúa en página siguiente >>

<< Viene de página anterior

PREPARACIÓN 3

Cortar el salmón ahumado en finas lonchas y dar forma de rosa.
Poner sobre el craque y rellenar con la crema de queso y las huevas de lumpo.
Picar finamente el eneldo y espolvorear.

Todas las elaboraciones expuestas se deberán realizar en último momento, evitando que la tosta pueda humedecerse o que el resto de los ingredientes presenten un aspecto oxidado.

7. Resumen

En este capítulo de rellenos de pastelería salada se han mostrado los diferentes rellenos básicos que más utilidad tienen en la elaboración de productos de pastelería.

Estos rellenos van a ser la base de posteriores elaboraciones de pastelería salada, a partir de los cuales se podrán preparar infinidad de recetas diferentes y usarlas para todo tipo de masas o pastas.

Se han detallado los procesos de elaboración de los diferentes rellenos de pastelería salada, haciendo mención expresa a las preparaciones de la crema de queso, la crema de nata, bechamel, salsa de tomate, mayonesa, salsa vinagreta, crema de mantequilla y *mousse* de salmón.

Asimismo, se han analizado las anomalías y defectos más frecuentes y se han apuntado sus posibles correcciones, haciendo especial hincapié en las normas de conservación e higiene.

Finalmente, se han identificado cada una de las materias primas necesarias para la elaboración de los rellenos, reparando en sus peculiaridades.

Ejercicios de repaso y autoevaluación

1. ¿Qué tarta salada se ha visto más a fondo en este capítulo?

    a. Tarta salada
    b. Quiche lorraine
    c. Tarta de cebolla

2. ¿Se puede usar nata montada para elaborar *mousses* saladas?

    a. No
    b. Sí
    c. A veces

3. ¿Qué es el *roux?*

    a. Es una mezcla de harina y mantequilla.
    b. Es una elaboración que se usa en pastelería.
    c. Es una harina sofrita en grasa que suele ser mantequilla o margarina.

4. ¿Cuál es la salsa variante de la bechamel?

    a. Salsa mornay
    b. Salsa holandesa
    c. Salsa bearnesa

5. ¿Qué ingrediente se emplea para espesar la crema de nata?

    a. Harina
    b. Almidón de maíz
    c. Mantequilla

6. ¿Cómo se usa el salmón para la *mousse?*

    a. Cocido en agua
    b. Marinado
    c. Ahumado

7. ¿Qué es la nuez moscada?

    a. Es un polvo de color marrón oscuro que se obtiene al rallar la corteza externa de la nuez de un árbol llamado myristica.

    b. Es simplemente polvo de nuez.

    c. Es polvo de almendras tostadas.

8. ¿Cómo tienen que ser los materiales empleados en las elaboraciones en el obrador?

    a. Tienen que ser de plástico.

    b. Tienen que ser de un material que no altere las características de su contenido.

    c. Tienen que ser de cristal.

9. ¿Tiene el obrador que estar aislado de los servicios y vestuarios?

    a. No es necesario

    b. Sí, siempre

    c. Solo a veces

Capítulo 5
Proceso de
elaboración de cubiertas

Contenido

1. Introducción
2. Tipos: glaseados, pasta de almendras, crema de chocolate, brillo de fruta y otras
3. Identificación de los ingredientes propios de cada elaboración. Formulación y secuencia de operaciones
4. Determinación del punto de montaje, batido, consistencia y características propias de cada elaboración. Análisis de las anomalías y defectos más frecuentes. Posibles correcciones
5. Conservación y normas de higiene
6. Identificación de los productos adecuados para cada tipo de crema
7. Resumen

1. Introducción

El mundo de la pastelería ha estado caracterizado por su popular presentación, convirtiéndose esta en una de las partes más importantes e influyentes a la hora de su comercialización.

De ahí la importancia de este capítulo, donde se reflejarán los diferentes tipos de cubiertas, nombrando su elaboración, técnicas de realización y aplicación, estudiando los métodos y normativas más adecuados para su conservación.

Glaseados, coberturas de pasta de almendras y de crema de chocolate, brillo de frutas, pralinés y ganaches son las preparaciones más destacables en el apartado de cubiertas de pastelería.

Finalmente se analizarán las anomalías más frecuentes en estas elaboraciones para evitar posibles errores y se asignará a cada tipo de cubierta a la elaboración más idónea.

2. Tipos: glaseados, pasta de almendras, crema de chocolate, brillo de fruta y otras

Tradicionalmente, la apariencia de los productos de panadería y bollería ha tenido una gran importancia, sirviendo como herramienta o motor de venta.

El tipo de cubierta seleccionada en la presentación de una pieza de panadería y bollería, no solo persigue una presentación adecuada, sino que aporta de forma directa: sabor, textura, olor, etc., por ello la importancia de su correcta elección. Ten presente, que la cubierta utilizada puede llegar a ser característica de una elaboración, facilitando su identificación e incluso dándole nombre.

A continuación se muestran algunas de las principales cubiertas utilizadas en este ámbito.

2.1. Glaseados

El glaseado es una técnica que se utiliza en pastelería y en cocina en general para cubrir los alimentos con una sustancia brillante que los hace más apetitosos, entre otras utilidades.

Los glaseados aportan sabor y color a nuestras elaboraciones.

Por lo general, desde antaño, en pastelería el glaseado se elabora con azúcar glas y agua, de ahí su nombre.

Una vez elaborado el glaseado, se puede colorear utilizando colorante especial de repostería, añadiéndolo antes o después del batido. Este se acentuará cuando se seque el glaseado.

 Nota

También es posible glasear con miel en lugar de con azúcar.

Aparte de cubrir preparaciones de postres, se pueden hacer figuras decorativas. Solo hay que añadir más azúcar glas a la elaboración para hacer una pasta más consistente.

Se van a ver dos tipos de recetas para glaseados:

- Glaseado al agua
- Glaseado real

El glaseado real es mejor usarlo para decorar galletas, ya que es más duro. El glaseado al agua es más cremoso, por lo que es el mejor para dar brillo a tartas, bollería, etcétera.

Berlina con glasa al agua

2.2. Pasta de almendras

La pasta de almendras es un producto de pastelería elaborado con almendra molida y azúcar glas. Ha de tener como mínimo el 50 % de almendras.

 Nota

No se debe confundir la pasta de almendras con el mazapán, teniendo este último un porcentaje más alto de almendras.

Esta pasta de almendras se utiliza para hacer figuras decorativas y para cubrir pasteles y tartas.

Una de sus características es que se conserva muy bien, es un producto de larga duración.

La pasta de almendras es originaria de la zona del Mediterráneo y se debe a la llegada de los árabes, que trajeron con ellos la caña de azúcar. Así fue posible mezclar las almendras molidas con el azúcar y se consiguió elaborar la pasta de almendras.

Para la pasta de almendras se utilizará la misma cantidad de almendra que de azúcar.

2.3. Crema de chocolate

La crema de chocolate empleada para cubrir tartas o pasteles debe tener un brillo especial, por lo que es importante saber tratar el chocolate y respetar siempre sus temperaturas si se usa cobertura de chocolate, aunque también es posible usar cacao en polvo.

El chocolate es un alimento que se consigue con la mezcla de azúcar y dos productos que provienen de la manipulación de las semillas del cacao: la pasta de cacao y la manteca de cacao. A partir de aquí, dependiendo de la proporción entre estos elementos y de su mezcla con otros productos como leche y frutos secos, se pueden elaborar distintos tipos de chocolate.

Sabía que...

Durante el siglo XVII, el chocolate era considerado tanto un medicamento como un alimento.

Hay varios tipos de chocolate según la proporción de la mezcla:

- **Chocolate negro:** es el chocolate propiamente dicho, resultado de la mezcla del azúcar con la pasta y la manteca de cacao. El chocolate negro debe tener como mínimo 50 % de pasta de cacao, pudiendo llegar incluso hasta un 99 %.
- **Chocolate con leche:** su proporción de pasta de cacao está por debajo del 40 %. Este chocolate lleva leche añadida.
- **Chocolate blanco:** el chocolate blanco carece de pasta de cacao. Se realiza con un mínimo del 20 % de manteca de cacao, leche y azúcar.

Sabía que...

El cacao en polvo es la parte del cacao desprovista de la manteca. Se elabora por la reducción de la manteca mediante el uso de prensa hidráulica.

Con estos mínimos conocimientos sobre el chocolate, ahora es necesario saber realizar su atemperado para sacar todo el brillo que caracteriza a este producto.

El atemperado del chocolate es un proceso que sirve no solo para darle brillo, sino también para que aguante más el calor y se pueda manipular mejor.

Hay que fundir el chocolate al baño maría, teniendo cada tipo de chocolate una temperatura de atemperado diferente.

■ Chocolate negro:

  ▮ Fundir el chocolate a 50-55 °C.
  ▮ Enfriarlo hasta 28-29 °C.
  ▮ Volver a subir la temperatura a 30-31 °C.

■ Chocolate con leche:

  ▮ Fundirlo a 40-45 °C.
  ▮ Enfriarlo hasta 27-28 °C.
  ▮ Volver a subir la temperatura a 29-30 °C.

■ Chocolate blanco:

  ▮ Fundir a 29-30 °C.
  ▮ Enfriar hasta 26-27 °C.
  ▮ Volver a subir la temperatura a 28-29 °C.

No es necesario atemperar el chocolate para todas las elaboraciones, pero siempre dará calidad y vistosidad a cada una de ellas.

Chocolate negro, con leche y blanco

2.4. Brillo de fruta

El brillo que se da a las elaboraciones de pastelería las hace más atractivas. Estos brillos se usan principalmente para cubrir las tartas o pasteles que contengan fruta natural en su exterior, alargando la vida de estas y haciéndolas más vistosas.

El brillo empleado no es muy dulce y no debería de tapar el sabor de la propia fruta, siendo su fin mantener la frescura y la humedad de esta y evitar su oxidación.

Tartaleta de hojaldre y frutas con brillo de fruta

 Nota

Los brillos se pueden realizar transparentes o con un color que resalte la fruta que se va a abrillantar.

2.5. Praliné

El praliné está compuesto por un fruto seco (nuez, almendra, avellana, cacahuete, etcétera) triturado y con un mínimo del 50 % respecto al azúcar añadido. Hay varias maneras de preparar el praliné, pero en todas ellas hay que triturar el fruto seco obteniendo su grasa.

Tan solo hay que pulverizar azúcar, triturar los frutos secos y batirlos. Al llevar el fruto seco tanto componente oleico se conseguirá una pasta con esta mezcla.

El batido es importante para conseguir la cremosidad que proporcionan los aceites de los frutos secos.

Esta crema se conserva muy bien en un recipiente hermético, pero hay que tener cuidado con los frutos secos, ya que se pueden enranciar.

Crema de cacahuete

 Sabía que...

El praliné nació en el siglo XVIII y su nombre se debe al duque Choiseu, pues fue su cocinero el primero en combinar azúcar líquido con trozos de almendra.

2.6. Ganache

El ganache es una crema de chocolate y nata a proporciones iguales que se utiliza para mezclar con el praliné dándole mucha más cremosidad, aparte de para otras muchas elaboraciones, por ejemplo bombones.

 Sabía que...

El nombre de ganache proviene, según la tradición, de la confusión de un aprendiz de pastelero que, por error, echó nata caliente en chocolate, lo que le valió que su maestro le llamara ganache (tonto en francés). Desde ese momento, la fortuita receta tuvo éxito y se quedó con el nombre del insulto.

Se puede hacer ganache con chocolate amargo o negro, con leche o blanco, utilizándose tanto de cubierta como de relleno.

Ganache de chocolate

3. Identificación de los ingredientes propios de cada elaboración. Formulación y secuencia de operaciones

Ingredientes como el azúcar, el chocolate, los cítricos o los frutos secos están presentes en muchas de las fórmulas utilizadas como cubiertas para productos de panadería y bollería. Su formulación es determinante dado que es posible con unos mismos ingredientes obtener distintas elaboraciones.

 ## Receta

Glaseado al agua

Ingredientes

- Agua 20 %
- Azúcar glas 80 %
- Zumo limón o cremor tártaro c/s

Elaboración

1. En un recipiente se pone el agua y se va añadiendo el azúcar poco a poco hasta conseguir un líquido denso.
2. A las piezas pasadas por el baño se les da un golpe de horno fuerte 1/2 minuto aproximadamente para que sequen con rapidez. El aspecto en las piezas es de una película fina y blanquecina de azúcar.

Receta

Glaseado real

Ingredientes

- Claras de huevo 100 g
- Azúcar glas 500 g
- Zumo de limón c/s

Elaboración

1. En un bol poner las claras de huevo y unas gotas de zumo de limón.
2. Mover con varilla e ir añadiendo el azúcar glas, sin dejar de mover, hasta obtener una pasta homogénea, que se podrá trabajar con manga pastelera o cornet para obtener figuras o bien para cubrir o napar cualquier elaboración.

 Receta

Crema de chocolate

Ingredientes

- Nata 240 g
- Azúcar 360 g
- Agua 290 g
- Cacao en polvo 120 g
- Hojas de gelatina 12 g

Elaboración

1. Hervir la nata con el azúcar y el agua.
2. Añadir el cacao en polvo y cocer hasta llegar a 103 ºC.
3. Enfriar hasta los 60 ºC y añadir las hojas de gelatina previamente hidratadas en agua fría.
4. Usar la crema cuando alcance los 30 ºC (es la temperatura perfecta para cubrir cualquier elaboración).

Receta

Brillo de fruta

<u>Ingredientes</u>

- Agua 1 l
- La piel de un limón
- La piel de una naranja
- 4 vainas de vainilla
- Azúcar 400 g
- Pectina 40 g
- Zumo de limón 40 g

<u>Elaboración</u>

1. Poner el agua en un cazo al fuego con las pieles de limón y de naranja y las vainas de vainilla.
2. Añadir la pectina mezclada con el azúcar y cocer unos 3 minutos.
3. Retirar del fuego, añadir el zumo de limón y dejar reposar 30 min.
4. Pasar por un chino o colador y guardar en frío.

Receta

Praliné de avellanas

Ingredientes

- Avellanas tostadas 200 g
- Azúcar glas 200 g
- Leche en polvo 40 g

Elaboración

1. Triturar las avellanas con el azúcar y la leche en polvo.
2. Bajar la masa de las paredes de la trituradora con ayuda de una espátula.
3. Volver a batir unos 3 minutos hasta que el aceite que sueltan las avellanas haga una pasta cremosa pero consistente.

4. Determinación del punto de montaje, batido, consistencia y características propias de cada elaboración. Análisis de las anomalías y defectos más frecuentes. Posibles correcciones

Ten presente que la búsqueda de una adecuada presentación de las preparaciones de panadería y bollería, requiere de una precisa formulación y metodología de elaboración. Durante el proceso, una inadecuada temperatura o el uso de productos con características organolépticas mermadas, podrá arruinar el proceso, al igual que no respetar la formulación designada.

4.1. Glaseados

Se pueden preparar muchos tipos de tartas y pasteles con los glaseados que se han visto, dando un toque de distinción si se tiene imaginación a la hora de preparar esta elaboración.

Las recetas de glaseados son muy sencillas. Tienen un punto de montaje que puede ser bastante fluido o más consistente en función de para qué vayan a usarse.

Cuando se esté elaborando un glaseado, hay que moverlo con fuerza para que no se creen grumos y, si salen, se debe seguir batiendo para que desaparezcan.

Lo que sí es muy importante es dejar reposar la pasta 15 minutos antes de usarla. Si se conserva durante más tiempo, se debe tapar bien, ya que se puede secar y ponerse muy dura si se deja al aire.

 Consejo

Si la textura del glaseado queda demasiado líquida y se necesita más compacta, solo hay que añadir más azúcar glas.

Para colorearlo se pueden usar colorantes alimenticios o aromas naturales, pero no en demasía.

4.2. Pasta de almendras

La pasta de almendras se puede usar para elaborar turrones, mazapanes, almendrados y, por supuesto, para cubiertas y decoraciones, sin olvidar el modelado de figuras.

Esta pasta tiene la ventaja de conservarse muy bien, pudiendo aguantar hasta una semana sin secarse.

El punto que debe tener la pasta de almendras es consistente y untuoso.

Para conseguir una pasta fina, las almendras deben de estar muy bien ralladas.

Hay que mezclarlas muy bien con la clara de huevo y si queda muy seca se puede añadir un poco más de clara, batiendo todo, pero no en demasía, ya que la almendra suelta su aceite y la pasta quedaría demasiado grasienta.

También es importante que repose antes de usarla, siempre tapada para que no se seque.

Se puede colorear.

4.3. Crema de chocolate

Para obtener el brillo en un glaseado de chocolate es muy importante respetar las temperaturas de la elaboración. Todo tiene que ver con el atemperado.

 **Importante**

Todos los utensilios que se usen para el atemperado del chocolate deben estar muy limpios y secos, ya que una mínima gota de agua puede arruinar todo el trabajo.

En la explicación de esta receta ya se ha visto que hay que hervir la nata con el cacao en polvo hasta los 103 ºC y luego enfriarla a 60 ºC para añadir las hojas de gelatina hidratadas, siendo la temperatura ideal de uso 30 ºC.

Es muy importante también, a la hora de cocer los ingredientes, que la nata no hierva, ya que no quedaría la misma textura.

La crema de chocolate terminada debe ser líquida para poder hacer un buen baño con ella, pero, al llevar las hojas de gelatina, espesará al enfriar. Debe ser también muy cremosa.

Si se respetan las temperaturas de la preparación, se obtendrá una crema perfecta y exquisita.

4.4. Brillo de fruta

El brillo de fruta tiene la característica de dar un glas traslucido a las elaboraciones de fruta y evita que ésta se oxide. Además, es muy sencilla de elaborar.

Es una preparación que en caliente es bastante líquida y espesa a medida que enfría.

 Nota

Si el brillo de fruta se guarda en frío y cuaja, se puede volver a calentar.

Se puede conservar varios días.

Lo más importante a destacar es que la pectina hay que añadirla mezclada con el azúcar y cocer hasta que el brillo espese.

4.5. Praliné de avellanas

Este praliné es muy sencillo de preparar, pudiendo asimismo usar otros frutos secos distintos de las avellanas.

Si no se dispone de azúcar glas, se puede usar azúcar granillo y triturarlo. Eso sí, el azúcar debe quedar lo más fino posible.

Las avellanas o frutos secos que usemos también tienen que estar bien molidos.

Si al triturar todos los ingredientes se sube la masa por las paredes de la máquina, hay que volver a ponerla al fondo para que vuelva a triturar. Esto se puede hacer con ayuda de una espátula.

Hay que batir e irá saliendo todo el aceite que desprenden los frutos secos y se irá haciendo una pasta muy cremosa pero consistente a la vez. Este será el punto que se debe dar al praliné.

Lo más importante de ésta receta es el batido, para conseguir toda la cremosidad de la preparación, para ello debemos usar la misma cantidad de frutos secos que de azúcar.

Para elaborar el praliné con la trituradora debemos hacerlo poco a poco para que ésta no se caliente demasiado.

5. Conservación y normas de higiene

La conservación de las materias primas que intervienen en la preparación de las cubiertas se puede clasificar atendiendo al tipo de productos utilizados, pudiendo ser éstos:

- Perecederos
- No perecederos

En primer lugar, se debe contar con proveedores que sirvan materia prima de calidad contrastada y que llegue al establecimiento en condiciones óptimas, teniendo la precaución, una vez recibida la materia prima, de no echar a perder los esfuerzos anteriores.

Las materias primas perecederas se conservarán inmediatamente en refrigeración o congelación, según se precise, sin romper la cadena de frío hasta su posterior utilización en las elaboraciones (huevos, mantequilla, leche fresca).

Las materias primas no perecederas se conservan en almacenes frescos, aireados y en ausencia de luz natural, ya que ésta puede deteriorar o alterar las características de algunos productos. Es esencial tener control sobre la caducidad de los géneros.

La conservación de los productos elaborados se realiza de la siguiente manera:

- Refrigeración, alrededor de 4 °C, sin alterar la cadena de frío hasta el momento de ser consumidos.
- Algunos productos, como el praliné, se conservan envasados al vacío.

Todas las elaboraciones, antes de proceder a su conservación, se cierran herméticamente para evitar contaminaciones cruzadas o que cojan los olores de la cámara u otros preparados.

Las normas de higiene a tener en cuenta en cuanto a la recepción, preparación y conservación de estas preparaciones son las siguientes:

- Usar mangas pasteleras de uso unitario, que evitarán posibles riesgos de contaminación.
- Las elaboraciones que contengan huevo en sus ingredientes con un tratamiento inferior a 75 °C solo pueden prepararse con productos pasteurizados.
- Las elaboraciones, decoradas o no, deben ser conservadas a una temperatura de entre 0 y 4 °C.
- La temperatura ambiental de la zona de decoración y preparación de pastelería no debe superar los 12 °C.
- Los productos elaborados no deberán estar en contacto con productos semielaborados o crudos, ya que esto podría causar contaminaciones.
- Se deberá tener en cuenta el uso diferencial del material (tablas, zonas de trabajo, utensilios, etcétera).

Nota

Todos estos requisitos son mínimos y hay que tenerlos en cuenta a la hora de realizar cualquier trabajo de pastelería.

6. Identificación de los productos adecuados para cada tipo de crema

No todos los tipos de azúcares, porcentajes de cacao o porcentaje graso de los frutos secos, permiten obtener unas características excepcionales en el resultado final de la elaboración realizada. Por ello, es de suma importancia el análisis de cada uno de los productos incluidos en el formulario de las cubiertas.

6.1. Glaseado al agua

Se considera que las características y tipos de ingredientes a incluir en este tipo de elaboraciones deben perseguir la excelencia y para ello, de entre los distintos tipos, se seleccionan los presentados a continuación.

Azúcar glas

El azúcar será previamente molido o azúcar glas. Hay que diferenciar el azúcar glas del azúcar antihumedad, que, con características similares, no tendrá uso en esta elaboración, pues no se diluirá en la preparación.

6.2. Glaseado Real

En la elaboración del glaseado real, es característico el uso de azúcar y clara de huevo, debiéndose observar entre sus características las presentadas a continuación.

Azúcar

Se usará azúcar glas por su textura, disolviéndose más fácilmente y evitando grumos, que no permitirían un manejo adecuado de la elaboración posterior.

Clara de huevo

Deberá ser pasteurizada para evitar la contaminación, pues no va a sufrir tratamiento térmico. Para obtener un color más blanco se adicionará de unas gotas de limón.

6.3. Pasta de almendras

Son ingredientes básicos de este tipo de pasta, el azúcar, las almendras y el huevo; ingredientes que requieren de una selección y tratamiento característico a fin de garantizar la máxima calidad en la elaboración final.

Almendras

Son un ingrediente que se puede usar tanto en recetas dulces como saladas. El porcentaje graso de este producto es clave para obtener una correcta elaboración, por lo que se deberán adquirir aquellas cuyo tipo cubra nuestras necesidades.

De entre los distintos tipos o clases de almendra la denominada como marcona muestra unas características excepcionales, tanto en textura (muy suave), como en sabor, destacando además su alto contenido graso, que aportará la untuosidad necesaria.

La almendra marcona muestra unas características excepcionales.

Azúcar

Al igual que con las demás preparaciones de pastelería que no reciben tratamiento térmico, se utilizará azúcar glas.

Huevo

Se adicionará la mezcla con clara de huevo, lo que permitirá que los ingredientes se unan entre sí, quedando una masa homogénea. Esta clara, al no recibir tratamiento térmico deberá ser pasteurizada a fin de evitar riesgos de toxiinfección.

Recuerde

Es muy importante la calidad del huevo, pues una clara contaminada puede producir la contaminación total de la preparación.

6.4. Crema de chocolate

Dada la sencillez de formulación de este tipo de crema, es fundamental hacer una selección de entre los distintos tipos de ingredientes que incluye.

Nata

La nata es de consistencia grasa con tonalidad blanca o amarillenta. Como ya sabemos, se distinguen varias clases de nata con diferente cantidad de materia grasa. Para elaborar la crema de chocolate, puede usarse con bajo contenido (30-32 %), ya que no hay que montarla.

Azúcar

Según la formulación aquí dada, se pondrán 360 g de azúcar granillo que se disolverá al cocinar la crema, pues habrá que someterla al calor.

Cacao en polvo

El cacao en polvo es la parte del cacao sin su manteca y tiene contenidos grasos por debajo del 20 %.

Cacao en polvo

Hojas de gelatina

Las hojas de gelatina son una de las formas de gelatina más usadas en pastelería. También se les llama colas de pescado. Son hojas transparentes de forma rectangular que, a simple vista, parecen plástico, pero que al ponerlas en agua fría se vuelven muy flexibles. Siempre hay que hidratarlas antes de usarlas.

6.5. Brillo de fruta

Obtener una adecuada untuosidad en esta preparación es fundamental. Para ello, además de una correcta formulación, es necesario seleccionar de entre las variedades de un mismo tipo de ingrediente, aquellos que sean más adecuados.

Vainilla

Usamos la vainilla para dar un toque de su sabor a la elaboración. Hay que tener en cuenta que la vainilla natural, al ser infusionada, puede desprender pequeñas semillas negras, por lo que en este caso puede ser sustituida por vainillina.

 **Definición**

Vainillina
Esencia saborizante artificial de vainilla.

Azúcar

Podemos usar azúcar común o granillo, ya que se disolverá al cocinar la preparación.

Pectina

La pectina es una sustancia que encontramos en todas las frutas y en algunos vegetales. Se encuentra en las pepitas y en la piel de estos productos. Se utiliza normalmente en cocina y en pastelería para espesar algunas salsas y también a la hora de elaborar mermeladas o confituras. Se puede encontrar en polvo de forma artificial o bien en productos naturales como la manzana, los cítricos, etcétera.

Zumo de limón

El zumo de limón, además de transmitir sabor, facilita una gran proporción de pectina, facilitando en la elaboración final elasticidad y untuosidad.

6.6. Praliné de avellanas

La untuosidad y brillo de esta elaboración se relaciona de forma directa con el porcentaje graso de las avellanas, por lo que contar con un producto de calidad es fundamental.

Avellana

Es la nuez del avellano, tiene muchas propiedades y, sobre todo, un gran valor energético.

Contar con avellanas con alto porcentaje graso es fundamental, al igual que aplicar un correcto nivel de tostado a fin de potenciar el sabor, color y aroma del producto final.

Avellanas

Azúcar

Para esta receta, se requiere la misma cantidad de azúcar glas que de frutos secos. Al usar este azúcar la elaboración quedará más compacta.

Leche en polvo

También llamada leche deshidratada, se obtiene por la deshidratación de la leche entera. Es de color blanco amarillento y conserva todas las propiedades de la leche. Su uso facilita una mayor untuosidad al producto, así como permite rectificar la coloración del producto final.

Aplicación práctica

Trabajando en un obrador, debe recibir la mercancía pedida días antes.

¿Cómo actuaría? Recuerde que, para obtener una buena calidad del producto final, se debe partir de la mejor materia prima y seguir criterios de control y calidad.

SOLUCIÓN

Comprobar documentalmente en el pedido que la mercancía que llega se corresponde con la que se ha pedido.

Las materias primas llegan en condiciones de calidad contrastada con recepciones de mercancía anteriores.

Clasificación de materias primas perecederas y no perecederas.

Las materias primas perecederas se conservaran inmediatamente en refrigeración o congelación, según el caso, sin romper la cadena de frío, hasta su posterior utilización en las elaboraciones.

Las materias primas no perecederas se conservan en almacenes frescos, aireados y en ausencia de luz natural, ya que ésta puede deteriorar o alterar las características de algunos productos.

Es esencial tener control sobre la caducidad de los géneros.

7. Resumen

Con este capítulo se cierra el manual, mostrando y culminando el proceso a llevar a cabo en la preparación de los productos de panadería y bollería, plasmando las elaboraciones más características en la elaboración de las principales cubiertas, tales como glaseados, cremas de chocolate, brillos de fruta, pastas de almendra, pralinés y ganaches.

En la elaboración pastelera goza de gran importancia la presentación final.

Los ingredientes usados y su formulación pueden variar según la técnica empleada o la finalidad del producto, tanto en su presentación como en su textura o sabor, pero siempre se deberán tener en cuenta las medidas o formulaciones usadas, siendo precisos en su pesaje.

Otro punto clave a considerar es el respeto de las temperaturas de cocción o conservación utilizadas, tanto para asegurar la calidad y salubridad de los productos como para obtener las texturas, colores o matices deseados.

Ejercicios de repaso y autoevaluación

1. **¿Para qué se emplea principalmente el glaseado en pastelería?**

    a. Para cubrir tartas o pasteles y hacerlos más vistosos.
    b. Para rellenar tartas o pasteles.
    c. No se utiliza en pastelería.

2. **¿Qué dos tipos de glaseados destacan?**

    a. Glaseado español y real
    b. Glaseado al agua y real
    c. Glaseado inglés y americano

3. **¿Cuáles son los principales ingredientes de la pasta de almendras?**

    a. Almendras y cacao en polvo
    b. Almendras y gelatina
    c. Almendras y azúcar

4. **¿A qué temperatura hay que fundir el chocolate negro para comenzar a atemperar?**

    a. 50-55 ºC
    b. 40-45 ºC
    c. 20-25 ºC

5. **¿Qué se evita en las tartas de fruta al darles brillo?**

    a. Que la tarta se rompa
    b. La oxidación de la fruta
    c. Ambas cosas

6. **¿Puede el praliné ser de almendras?**

    a. Sí
    b. No
    c. Sí, teniendo en cuenta la adición de yemas a la elaboración

7. ¿Qué es el ganache?

    a. Es una crema de frutos secos y chocolate
    b. Es una crema de frutos secos y nata
    c. Es una crema de chocolate y nata

8. Para el glaseado real, ¿qué cantidad de azúcar se necesita por cada 100 g. de clara de huevo?

    a. 500 g
    b. 100 g
    c. 750 g

9. ¿Cómo se llama también a las hojas de gelatina?

    a. Pectina
    b. Colas de pescado
    c. Emulsionante natural

10. ¿Qué punto de montaje debe tener la pasta de almendras?

    a. Consistente y untuoso
    b. Líquido
    c. Muy espeso

Glosario

Abrillantar
Dar brillo con jalea, grasa o huevo a un preparado, que puede estar tanto crudo como ya elaborado.

Amasar
Trabajar con las manos o con máquina amasadora una preparación, con el objetivo de homogeneizar los ingredientes.

Aromatizar
Añadir vino o especias a un preparado de sabor y olor característicos y diferenciadores.

Asar
Cocinar un género al horno o la parrilla solo con un poco de grasa, de forma que quede dorado en su exterior.

Atemperar
Moderar o templar. En una segunda definición, se puede considerar como acomodar algo a alguna cosa.

Bañar
Cubrir total o parcialmente un género con materia líquida, pero lo suficientemente espesa como para que quede impregnado de ella.

Blanquear
Batir fuertemente yemas o huevos con sólidos (por ejemplo azúcar) hasta que se aclare su color. Sería el caso de las claras cuando se montan con azúcar para elaborar merengue.

Caramelizar
Cubrir con caramelo una elaboración o la superficie de un recipiente.

Coagular
Solidificar un líquido.

Cocer
Transformar por la acción del calor un género con el fin de hacerlo más digerible o ablandarlo. Se usa también para definir el proceso por el cual entra en ebullición un líquido o una elaboración.

Colorear
Dar color a una elaboración usando para ello colorantes naturales o vegetales en polvo o en líquido.

Cristalizar
Hacer tomar a un elemento la forma cristalina mediante operaciones adecuadas a ciertas sustancias.

Cuajar
Acción de dejar que una elaboración espese hasta perder su estado líquido.

Descorazonar
Quitar el centro o el corazón a las frutas y verduras. Quitar el hueso o corazón a los frutos.

Desmoldar
Sacar una elaboración de un molde, permaneciendo ésta con la forma del mismo.

Despumar
Retirar con la ayuda de una espumadera las impurezas que quedan flotando en un preparado durante su cocción.

Emborrachar
Empapar una elaboración o postre en almíbar, vino o licor.

Emulsionar
Acción de realizar una emulsión. Una emulsión es la preparación que se obtiene al mezclar dos ingredientes que son incompatibles entre sí, por ejemplo el agua y el aceite.

Engrasar
Untar con mantequilla o algún tipo de grasa un molde o placa.

Enharinar
Cubrir de harina la superficie de un género o recipiente.

Escarchar
Técnica culinaria por la que un alimento, generalmente la fruta, queda recubierta por una capa de azúcar cristalizada, lo que generalmente se realiza introduciéndola en almíbar.

Escudillar
Verter una preparación cremosa o una masa en moldes o recipientes, utilizando mangas o boquillas.

Escurrir
Acción por la que se retira el líquido a una elaboración que se encuentra empapada en él. Se refiere también al líquido que pueda contener en su interior.

Especiar
Añadir productos de origen vegetal a una elaboración para que le aporten sabor. Estos productos pueden ser en polvo o enteros. Pueden ser hojas, raíces, flores, bulbos, etcétera.

Espesar
Acción que se realiza con el objetivo de hacer más densa una preparación.

Espolvorear
Repartir en forma de lluvia un género muy picado o en polvo.

Estirar
Extender una masa (por ejemplo las masas de pasta brisa u hojaldre) sobre una superficie con la ayuda de un rodillo, laminándola, para hacerla más extensa y delgada.

Fermentar
Acción por la que las masas elaboradas con levadura aumentan su volumen, adquiriendo esponjosidad al llevarlas a temperatura templada.

Flambear
Proceso por el cual se añade licor a un género y se hace arder.

Freír
Cocinar un género en una sartén o freidora con grasa caliente, formando una costra dorada.

Fundir
Consiste en derretir los alimentos con el fin de obtener una base uniforme.

Garrapiñar
Bañar golosinas en almíbar, formando grumos, por ejemplo las almendras o piñones garrapiñados.

Glasear
Espolvorear una preparación con azúcar glas. Este término se usa también cuando se cubre con *fondant* un género. La última acepción se usa para definir la finalización de las elaboraciones con mermeladas, azúcar caramelizada, etcétera.

Gratinar
Tostar la superficie de un género en un horno fuerte, salamandra o gratinador.

Helar
Introducir la mezcla de ingredientes tras su pasteurización y maduración en la mantecadora o *freezer* para la obtención del helado o sorbete.

Hervir
Cocinar un género por su inmersión en un líquido en ebullición. En una segunda acepción también define el hecho de hacer que un líquido entre en ebullición por la acción del calor.

Hidratar
Devolver al estado natural de humedad los tejidos de los géneros.

Hilar (huevos)
Batir los huevos con suficiente azúcar hasta que adopten forma de hilos.

Infusionar
Llevar a ebullición un líquido con elementos aromatizantes para obtener sus aromas y, tras la ebullición, mantener unos minutos para extraer todo el aroma.

Licuar
Acción de convertir un elemento en líquido por medio del calor o mediante el triturado.

Moldear
Colocar un preparado dentro de un molde para que este tome la forma correspondiente.

Montar
Se usa como sinónimo de batir. Hace referencia también al hecho de colocar las elaboraciones después de cocinadas sobre un plato o fuente.

Napar
Cubrir una elaboración con salsa, crema o líquido suficientemente espeso, para que quede sobre ella.

Pasta
Mezcla de harina y agua, que normalmente lleva más ingredientes, trabajada hasta que está lo bastante compacta para mantener la forma, pero lo suficientemente maleable para amasarla a mano. También alimentos finamente molidos hasta conseguir

una textura extremadamente fina, por ejemplo la pasta de almendras.

Pasteurizar
Método usado para eliminar los gérmenes al calentar un género durante unos segundos a temperatura de 70 ºC, enfriado después rápidamente para evitar que la excesiva exposición al calor pueda eliminar los nutrientes.

Perfumar
Término que se usa como sinónimo de aromatizar.

Pomada (poner en)
Término empleado para definir un punto de la mantequilla o la manteca que se logra cuando se encuentra a una temperatura ambiente de 24-25 ºC. En este punto, la mantequilla o manteca se encuentra fría pero moldeable.

Racionar
Dividir un género o elaboración en porciones para su distribución.

Rebozar
Pasar un género por harina o huevo batido, quedando totalmente cubierto por una fina capa antes de freír.

Reducir
Disminuir el volumen de una preparación líquida por medio de la evaporación. Este proceso ayuda a que la preparación resulte más sustanciosa o ligada.

Regenerar
Es un proceso cuyo objetivo es mantener la calidad del alimento. Para ello se pueden usar múltiples sistemas o medios, dependiendo el resultado tanto del tipo de producto como del envase que se use.

Reposar
Acción de dejar quieta durante un determinado tiempo alguna elaboración. También se usa para referirse a la cocción lenta de un guiso.

Saltear
Cocinar a fuego violento total o parcialmente un género, resultando jugoso por dentro y dorado en el exterior.

Tamizar
Pasar ingredientes secos a través de un tamiz para que los trozos más grandes se queden en él y separados del polvo fino. Se suele hacer frecuentemente al preparar masas y pastas para airear los ingredientes.

Tibio
Término que se utiliza para describir la temperatura de un líquido cuando está templado o a la temperatura del cuerpo humano (37 ºC).

Tostar
Dorar la superficie de la elaboración al aplicar un calor directo.

Bibliografía

Monografías

▌ VV. AA.: *Procesos básicos de pastelería y repostería.* Madrid: Ediciones Paraninfo, 2017.

▌ HERMÉ, P.: *La Pâtisserie de Pierre Hermé.* Barcelona: Montagud Editores, 1998.

▌ HUMANES Carrasco J.P.: *Pastelería y panadería.* Madrid: McGraw-Hill Interamericana, 1996.

▌ LLUPIÁ Vidiella, P.: *Formulario técnico de pastelería-panadería.* Barcelona: Vilbo ediciones y publicidad, 1999.

▌ CARO Sánchez-Lafuente, A.: *Pastelería. INAF020PO.* Antequera: IC Editorial, 2023.

▌ PÉREZ Oreja, N., MAYOR Rivas, G. y NAVARRO Tomás, V. J.: *Procesos de pastelería y panadería.* Madrid: Thomson-Paraninfo, 2003.

▌ REY Acosta, L.: *Preelaboración de productos básicos de pastelería. UF0819.* Antequera: IC Editorial, 2022.

▌ RODRÍGUEZ Sánchez, C.: *Realización de decoraciones de repostería y expositores UF1362.* Antequera: IC Editorial, 2017.

▌ GONZÁLEZ Martinez, J.: *Elaboración de masas y pastas de pastelería-repostería. UF1052.* Antequera: IC Editorial, 2018.

Textos electrónicos, bases de datos y programas informáticos

▌AESAN - Agencia Española de Seguridad Alimentaria y Nutrición, de: <https://www.aesan.gob.es/AECOSAN/web/home/aecosan_inicio.htm>.

▌Chocolatísimo, de: <https://chocolatisimo.com/>.

▌Sosa, de: <http://www.sosa.cat>.